电工口诀

操作篇 （第二版）

甄国涌 商福恭 编著

中国电力出版社

CHINA ELECTRIC POWER PRESS

图书在版编目(CIP)数据

电工口诀．操作篇/商福恭，甄国涌编著．—2
版．—北京：中国电力出版社，2016.5（2025.4重印）
ISBN 978-7-5123-8968-7

Ⅰ.①电… Ⅱ.①商… ②甄… Ⅲ.①电工-基本知
识②电工技术-基本知识 Ⅳ.①TM

中国版本图书馆 CIP 数据核字(2016)第 040068 号

中国电力出版社出版、发行
（北京市东城区北京站西街 19 号　100005
http://www.cepp.sgcc.com.cn）
三河市航远印刷有限公司印刷
各地新华书店经售

*

2010 年 1 月第一版
2016 年 5 月第二版　　2025 年 4 月北京第八次印刷
880 毫米×1230 毫米　64 开本　3.25 印张　125 千字
定价 **12.00** 元

内 容 提 要

本书以过目成诵、朗朗上口的口诀形式，言简意赅地介绍电工作业中装、拆、修时的经典操作经验。致力于帮助广大电工快速提高实际操作技能，以满足社会发展需求。主要内容包括：强制性操作规范；操作顺序和经验；窍门技巧简捷法。独立成文的小节标题，便是简单明了的典型操作规范、窍门、技巧、方法名称。众多经典操作经验和绝技，均来自电工作业实践。

本书可供从事电工作业的技术工人、工程技术人员自学参考；可指导刚参加工作的电气技术人员进行实践工作；可作为职高技校电工专业的辅导教材。

序　言

　　中国文化的最高境界不总是超凡脱俗，而是存在于世俗的日常生活当中。口诀是广大劳动人民所喜爱的传统文化，在我国有悠久的历史。各行各业都习惯用口诀来解决某些生产问题，如农业的谚语、中医方剂学中汤头歌诀、商业的珠算口诀等。相对来说，电工行业运用口诀较迟，其原因是电工技术在我国应用历史较短。但随着电力工业的飞速发展，电工行业的队伍日益壮大，电工技术领域中涉及计算问题多、计算过程较繁琐，特别在野外施工时查找图表不方便，致使将一些对计算接触较少、文化程度不高的电工师傅们被排斥在"计算"的大门之外，影响了生产的发展。20 世纪 70 年代末，前辈李西平编写《工厂供电计算口诀》一书，率先介绍电力负荷"口诀式的计算法"。口诀的特点是简单明了，易于诵记，而且一旦记熟就可随时随地具体运用，不再依赖书本或手册。同时，熟练掌握了口诀式计算法的电工师傅们，不仅变不会算为会算，而且对常遇到的较复杂计算问题，往往能够在作业现场见题脱口而出得到数据，且十分实用。故得到广泛应用，久远流传。

　　与时俱进求发展，培养电工做贡献。近年媒体常报道：高级技工闹饥荒；大学毕业读技校。社会各界都关注：技能型人才缺短；大学毕业求职难。编者将以前出版的《电工实用口诀》《电工口诀三百首》等图书进行整合，冥思苦索编写了《电工口诀（安规篇）》《电工口诀（计算篇）》《电工口诀（诊断篇）》《电工口诀（操作篇）》丛书。

"经验是智慧之父，记忆是知识之母"。电工作业历代人，经验荟萃有绝活。本丛书以朗朗上口、便于记忆的口诀形式，言简意赅地介绍电工作业实践中积累起来的经典经验。新、青年电工诵读记熟后，吸收同行前辈们的经验精华，有了这些丰富经验做基础，电工作业时，定能做到动手前胸有成竹，动起手来轻车熟路，从而快步跨进高级电工行列。理工科大学毕业生熟读后，不仅能领略传统文化的魅力，而且可轻松熟知众多实践经验、技巧和绝活，求职面试考核实际操作问题时便有了"过关宝典"，参加工作后有了工作实践指南，同时能真正理解了"有经验而无学问胜于有学问而无经验"的含义。理论知识和实际经验就像人的两条腿，只有同样健全，才能走得扎实稳健。

本丛书共同特点：系统学习看全书，重点参考查目录。书前目录章节标题，便是该书内容提要，读者可随时方便地找到所急需学习或参考的内容。书中独立且完整的小短文，简明扼要、文图相辅而行的阐述某节具体成功经验或绝技，犹如成名高级电工技师现场讲授解读。本着"教育不是注满一桶水，而是点燃一把火"的精神，书中选编的经典经验、技巧、窍门和绝活，均来之于老电工工作实践，并经再实践活动检验证明：科技含量高；实用价值高；行之有效效益高。读者诵读本丛书，可知其然并知其所以然，从而达到举一反三、触类旁通的效果。

前　　言

　　《电工口诀（操作篇）》于 2010 年 1 月首次出版以来，多次重印，深受广大读者的喜爱，成为电工类畅销书。该书之所以能"走红"，是因为其内容贴近实际、贴近生活、贴近群众，是一本颇具时代感的科技书；是因为该书在编写时从实战、实用要求出发，并在炼字、炼句、炼意、炼格上狠下功夫，以过目成诵、朗朗上口的口诀形式，言简意赅地介绍电工作业中装、拆、修时经典操作技能经验。承蒙广大读者的支持、鼓励和鞭策，为与时代发展同行，培养新时期的高素质电工做贡献，特对本书进行修订。

　　基于电工对迅速掌握应知应会知识技能的需求。本次修订在第 1 章"强制性操作规范"中增添了四个小节：①负荷开关配带的熔断器必须安装在电源进线侧，此项强制性操作常被忽视，因为在日常工作中，常见负荷开关配带的熔断器，有的装在开关的上侧，有的装在开关的下侧，而很少有人问为什么。②安装吸油烟机三要点。③检修电气设备时的"拉郎配"，本节汇集了有些维修电工理论知识学得少、缺乏安全用电常识，在检修电气设备时常犯的十宗"拉郎配"错误做法。结果是旧毛病未除，新故障发生；甚至会造成重大损失，严重时还会造成事故。④接地技术学问深，似怪非怪有讲究，本节汇集了六类电气接地方式。第 2 章"操作顺序和经验"中新增内容：断路器两侧隔离开关的操作顺序；高压跌落式熔断器熔丝防掉断法；母线连接处过热的处理方法；大电流接触器触头发热的处理办法。第3章"窍门技巧简捷法"中增补：水浮泥汤擦洗绝缘子；用石蜡煮清除镇流器沥青；玻璃屑连接电热丝烧断的接头；使用医用橡皮膏更换指示灯泡；用泡泡糖残胶做粘附物取装旯旮处螺栓。窍门是能解决问题的巧办法；技巧是巧妙的技术或熟练的运用技术的能力。从某种意义上来说，窍门、技巧就像一层"窗户纸"，未捅破前好像很神秘，一旦知道了解决问题的关键，就变得很容易了。

集思广益、集腋成裘，当一名称职的电工，平日里要广泛收集和积累安装、检修电气设备的资料。并通过实践—理论—再实践的过程，不断提高正确处理实际问题的能力。同时，还可借鉴他人的经验之谈和技巧以帮助自己尽快成长，不断总结、归纳，并与实践相融会贯通。

在编写本书时，引用了众多电工师傅和电气技术人员所提供的成功经验和资料，谨在此再次表示诚挚的谢意。同时，由于本人水平有限，加之时间仓促，书中缺漏之处在所难免，恳请读者批评指正。最后希望广大读者也来总结自己的成功经验，提炼出更多实用电工口诀。

编者

第一版前言

说起"电"，人们对它似乎太熟悉了。环顾周围，电几乎无处不在，它与日常生活息息相关，不可或缺。随着科学技术的飞速发展，各种电气设备的应用范围已普及到城市和乡村的各个领域。电已成为人类致富的源泉、工业发展的命脉、农业丰收的保障、整个国民经济腾飞的翅膀。因此社会需要大量的掌握电工理论知识和实际操作技能的电工，以保障电力系统安全经济运行和电力用户安全生产、经济运行。

当个电工真不错，担负运筹和驾驭电能应用的重任，得到领导重视、众人羡慕，工资待遇也不薄。但干电工此行业，驾驭"电老虎"，学问浅薄则如履薄冰。电工系特殊工种，需精通专业知识，过硬的操作技能。随身携带工具很多：钳子、扳手、螺丝刀，测电笔和电工刀；提携钳形电流表，万用表和兆欧表。专用工器具更多：榔头、钢锯、弯管；烙铁、耙子、压接钳；电钻、电锤、冲击钻；喷灯、錾子、射钉枪；绞磨、滑轮、千斤顶；脚扣、绳索、安全带；叉杆、桅杆、紧线器；环链、手拉葫芦等。

俗话道："工欲善其事，必先利其器"；"七分工具，三分手艺"。这说明了解工具的使用方法和善于运用工具是非常重要的。电工作业使用的工器具多，其品种规格也多，俗名更多。例如装卸螺钉用的工具——旋凿，又称螺丝刀、螺丝起子、改锥和赶锥等；其式样有一字、十字头之分，规格有公制、英制之说。长 50mm 的旋凿，就是电工师傅说的两吋螺丝刀。你不知道，则听不懂师傅叫你拿什么工具！也不易看懂一些书本、杂志上介绍的经验。你把一个一吋半长的木螺钉，在木头上全部旋进又旋出，换个地方再旋进旋出；你能旋多少次？这个问题看起来很简单，但做起来就不怎么容易了。如果旋凿选择不当或使用不妥，说不定只旋一次，被旋木螺钉尾部的槽就豁开打滑了。可能你会责怪木螺钉的质量不高，其实不然！问题出在哪里？就在于选用的旋凿规格大小，与木螺钉尾部的槽不相配；或者旋凿头部磨制的形状不恰当；还有可能捻旋的手势掌握的不得当等。再如你能用旋凿取出电器塑料外壳深洞中拧得太紧的螺钉吗？你能用旋凿快速装置、拆取深洞隙缝处较小的螺钉吗？诸如此类的问题很多，并且经常会遇到，不妨去动手试试。这些都是电工应熟练掌握的基本功，须熟知的技巧、经验。

电工作业属于特种作业，对作业人员和周围的设施有重大危害因素。为了切实保证电工在生产中的安全和健康，电力系统、发供配电设备的安全运行，国家特制定并颁布《电业安全工作规程》。在此基础上，各部、各地、各单位，结合各自情况编制更具体的规则、规范、实施细则。电工为特殊工种之首，他们的基本素质高低将直接影响电力系统的工作效率及安全生产。电工的基本工作装、拆、修，经几代先辈们的努力实践、探索、总结，多数都达到了"工艺"境界。何谓工艺，词典中解释为：对各种原材料、半成品进行加工、装配或处理，使之成为产品的方法与过程；是人类在劳动中积累起来，经过理论指导和校核并且不断发展的操作技术经验。这样，刚参加工作的电气技术人员和新青年电工，在安装、检修电气设备时就有章法可循、规行矩步，使电工作业标准化、规范化。

本书以朗朗上口、易于记诵的口诀形式，深入浅出地介绍电工作业中装、拆、修时的经典经验。本着"教育不是注满一桶水，而是点燃一把火"的精神，精心选编新、青年电工需要知道，且有机会能实践（经验直到自我重复时才变得有意义，事实上直到那时才算得上经验）的三章内容：强制性操作规范；操作顺序和经验；窍门技巧简捷法。本书编写特点：系统学习看全书，重点参考查目录。书前目录中八十一节标题，均是具体操作规范、技巧、窍门名称，简单明了又通俗。书中每节内容各自独立且完整，图文并茂、边说边示范，犹如高级技师亲临讲授。八十一首顺口溜，七言声律略押韵，简练精辟解读百余项操作经验（仅电工操作八大怪、得不偿失九做法、画蛇添足九误区三节中，就有 26 项）。读者诵读八十一首口诀，不仅领略了传统文化的魅力，同时轻松学得前辈们的众多技巧、窍门、绝活等经验精华。站在丰富实践经验之上，装、拆、修工作时，定能做到动手前胸有成竹，动起手来轻车熟路；快步跨进高级电工行列。

在编写本书时，引用了众多电工师傅和电气工作者所提供的成功经验和资料，谨在此向他们表示诚挚的谢意。同时，由于本人水平有限，加之时间仓促，书中错误之处在所难免，恳请读者批评指正。

编著者

2009 年 11 月

目　录

第 1 章

强制性操作规范

1-1 两台电力变压器并联运行四条件

口诀

变压器并联运行，必须满足四条件。

额定电压比相等，联结组标号相同。

阻抗电压要一致，容量不超三比一。 (1-1)

说明

实施变压器并联运行可充分利用变压器的容量，在用电负荷较小、低于其中一台的容量时，可停用其中一台。这样就提高了变压器的效率，保证了变压器经济运行。理想的变压器并联运行条件是：额定电压比相等；联结组标号相同，且相序相同；阻抗电压接近相等；变压器的容量比不大于 3 : 1。下面分析不满足条件时出现的问题和严重性。

(1) 电压比不相等的变压器并联运行时，变压器之间有循环电流产生，电流的大小与电压比的差成正比，严重时将使变压器损坏，微小的差别也将影响变压器的输出功率，增加变压器的负载损耗。另外，并联运行的变压器除电压比必须相等外，一、二次侧的额定电压也必须相等。

（2）当不同联结组标号的变压器在一次侧送入同一电源后，其相应的二次侧端子上将存在着相位差（为30°的倍数），产生循环电流，可达数倍的额定电流，危害变压器的运行。因此联结组标号不同的变压器是不允许并联的。

（3）阻抗电压不相等时，并联运行的各变压器负载电流的大小与它自身的阻抗成反比，阻抗电压大的变压器负载电流小，阻抗电压小的变压器负载电流大。即阻抗电压小的变压器满负荷时，阻抗电压大的一台处于低负荷，得不到充分利用。反过来讲，阻抗电压大的一台满负荷时，阻抗电压小的一台将处于过负荷。实际上，同一设计的两台变压器，由于制造的公差，其阻抗电压有所差异，但阻抗电压差值不太大时，对负荷电流的分配影响不显著。一般规定阻抗电压数值误差在±10%范围内可以并联运行。

（4）并联运行的变压器，其单台容量之比以不超过3：1为宜（容量比例是从并联、解列、检修、备用、经济运行等方面综合考虑的）。因为各台变压器之间的容量相差过大，往往易造成负荷分配不合理，即一台变压器已经过负荷，而另一台变压器却还未满负荷，使装设的变压器总容量得不到充分利用。

1-2　柱上式变压器台的安装要求

💡 **口诀**

柱上式变台安装，台底距地两米半。

保持水平不倾斜，一比一百斜度限。

进出采用绝缘线，根据容量定截面。

铜线最小一十六，铝线最低二十五。

两侧各装熔断器，器地保持安全距。

高压最小四米五，低压不低三米半。(1-2)

说　明🔍

　　电网末级变电采用柱上式变压器台（单柱式变压器台、双柱式变压器台，此外根据实际需要还有三杆式变压器台）的较多，它广泛应用于城镇非热闹区、农村和大型工矿企业中，具有结构简单、投资少、不占地面，布点方便和施工简单等特点。但变压器容量较小，一般不得超过 400kVA。

　　双柱式变压器台（见图 1-1），又称 H 形变压器台（双

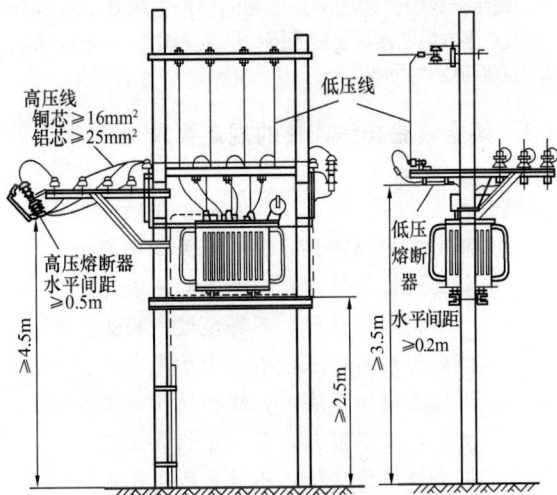

图 1-1　双柱式变压器台

柱式变压器台在多台变压器并列运行时，尤为适用）。100～400kVA 的配电变压器，用双柱式变压器台较多。双柱式变压器台由一根主杆和一根副杆构成支杆，两杆间用条槽钢夹住，即形成安装配变压器的承座。承座底面距地面的垂直距离应不小于 2.5m，一般为 2.5～3m；承座两端高度差与两端水平距离的比值，即平面坡度应小于 1/100（台板用 25mm 厚的木板做成）。

柱上式变压器的一次和二次（即高压和低压）引接线要采用架空绝缘线，其截面积应按变压器的容量来选择，但一次侧所用的导线截面积不应小于如下规定：铜芯导线 16mm²，铝芯导线 25mm²。一次和二次都是安装熔断器保护。高压跌落熔断器底部距地面的垂直距离最小为 4.5m（一般跌落式熔断器架至变压器台承座之间为 1.8m），低压侧的熔断器距地面高度不应小于 3.5m。

1-3 架空线路导线连接的规定要求

口诀

架空裸导线连接，遵守有关诸规定。

金属规格及绞向，三个不同不能连。

一个档内每根线，不得超过一接头。

接头距离固定点，不应小于半米远。

铝线连接钳压法，铜线插接钳压法。

接头电阻不可大，最大等长线电阻。

接头机械强度值，不低导线点九五。

铜铝过渡线夹头，耐张跳线处连接。　　（1-3）

说明 🔍

架空配电线路是电力输送的主要设备，为确保架空线路安全、可靠运行，对导线的连接接头，在 DI/T 5220—2005 中有明确规定要求。

（1）不同金属、不同规格、不同绞向的导线，严禁在档距内连接。

不同金属的导线连接时有两个严重缺陷：①膨胀不同步，温度变化时接头容易松脱。金属材料都有热胀冷缩的性质，但各种材料的伸缩性质是不同的。例如温度升高 1℃ 时，铜的延伸长度是原长度的 $16×10^{-6}$ 倍，而铝则是原长度的 $24×10^{-6}$ 倍，也就是说铝比铜伸得长一些。显然若把铜、铝两种材料的导线连接起来时，当温度一变化接头就会松动，松动了的接头既降低了机械强度，又增大了接触电阻，降低了导电性能。②电化腐蚀严重。任何金属的化学稳定性是不同的。例如铜、铝两种金属，在空气中的水、二氧化碳和其他杂质的作用下会在铜铝接头处形成电解液，构成化学电池，铝容易失去电子是电池的负极，铜是电池的正极；正、负极间就有电动势，其间就有电流通过，使铝逐渐被腐蚀，被腐蚀的铜铝接头处电阻增大，运行中造成高温过热，结果接头烧坏。

不同规格的导线连接时，应力分配不一，容易断线。在同一耐张段内导线内水平拉力是相同的，若在同一耐张段内有两种规格的导线，虽然它们所承受的水平拉力大小相等，但它们的应力却大不相等。大规格的应力小，小规格的应力大，结果小规格的导线可能造成机械过载而断线。

不同绞向的导线连接时，易造成松股断线。架空线路用的导线都是由多股单线分层绞扭组成，每层有一定的扭向，相邻两层的绞扭方向相反，而且规定最外层为右绞合。这样的绞线在连接时，必须保证它们绞扭方向的一致性，否则会在运行中造成松股现象。一旦松股，则各股单线的受力相差较大，会酿成断股、断线事故。

（2）在一个档距内，每根导线不应超过一个连接头。

（3）档距内接头距导线的固定点的距离，不应小于 0.5m。

（4）钢芯铝绞线、铝绞线在档距内的连接，宜采用钳压方法（不能使用 U 字轧头或绕接法）。

（5）铜绞线在档距内的连接，宜采用插接或钳压方法。

（6）导线连接点的电阻，不应大于等长导线的电阻。

（7）档距内连接点的机械强度，不应小于导线计算拉断力的 95%（即注意架空导线的连接采用压接或绕接时，其搭接长度不应小于导线直径的 25 倍）。

（8）铜绞线和铝绞线的跳线连接，宜采用铜铝过渡线夹、铜铜过渡线（铜、铝绞线只能在配电线路耐张杆的跳线处连接）。

1-4 低压架空裸导线对地面的最小净距离

💡 **口诀**

> 低压架空裸导线，对地最小净距离。
> 具体区域规定米，六五四三依次取。
> 城镇村庄居住区，车辆农机常到区。
> 交通很困难区域，步行可到山坡梁。

山崖峭壁人难到，最小净距是一米。（1-4）

在设计施工低压架空线路时，导线与地面的距离，应根据最高气温情况或覆冰情况求得的最大弧垂和最大风速情况计算。计算上述距离，不应考虑由于电流、太阳辐射以及覆冰不均匀等引起的弧垂增大，但应计算导线初伸长的影响和设计施工的误差。

低压架空裸导线对地面的最小垂直距离应确保地面人员及其他动物安全的前提下确定。具体数据在 DL/T 5220—2005 和 DL/T 499—2001《农村低压电力技术规程》中均有明确规定。根据线路所经地域的不同，规定有 6、5、4、3m 四个档次：①居民区——城镇、工业企业地区、港口、码头、车站等人口密集区为 6m。②非居民区——上述居民区以外的地区。虽然时常有人、有车辆或农业机械到达，但未建房屋或房屋稀少的地区为 5m。③交通困难地区——车辆、农业机械不能到达的地区为 4m。④步行可以到达的山坡为 3m。此外，对于步行不能到达的山坡、峭壁和山崖，规定为 1m。

1-5 直埋敷设电缆的施工要求

💡 口诀

直埋敷设电缆线，沟深超过冻土层。
一般最浅点七米，机耕农田须一米。
沟底良好软土层，否则铺层细沙土。
地势高低有起伏，沟底顺势要平缓。

拐转弯曲率半径，电缆外径十五倍。

电缆上盖层细土，然后覆盖保护板。

回填素土须夯实，地面路径设标桩。(1-5)

说明

电缆直埋敷设比其他敷设方式简单、方便、投资省、电缆散热条件好、施工周期短，电缆直埋敷设常用于室外无电缆沟贯通的场所。直埋敷设电缆时应满足如下要求：

(1) 按施工图所标走向，在地面上用石灰粉划出沟宽、走向的双道平行线。电缆的埋设深度，即直埋电缆沟的开挖深度要超过当地最冷年度冻土的厚度（冻土层之下），一般情况沟深不少于 0.7m。这是因为塑料护套和绝缘导线的绝缘层在温度变化较频繁和幅度较大的情况下，会变硬变脆，甚至会出现龟裂，加速老化，从而大幅度地降低绝缘性能。而在冻土层以下时温度变化较缓慢，所以对延长电缆绝缘的使用寿命有利。直埋电缆沟经过机耕农田时，为确保机耕时不会伤害电缆，沟须达到1m以上。

(2) 直埋电缆沟的沟底要有良好的软土层，须平整无坚硬物质。否则应在沟底铺一层厚 100mm 的细土或细砂子。

(3) 在地势高低不平的地带，直埋电缆沟应顺势抬高和降低，并且在抬高或降低的转折处要做成大圆弧形，以利于平缓地过渡，避免对电缆的折曲损伤。这里需指出：油浸纸绝缘电力电缆敷设时如高低差过大，会造成油压差过大，使低处外包破裂，易造成低处电缆头密封困难；电缆高处缺油枯干，使绝缘降低，甚至在运行中击穿。所以垂直或沿陡坡倾斜敷设的 6～10kV 黏性浸渍纸绝缘电缆，其高低差不能超过 15m。

（4）电缆线路走向转弯时，因电缆转弯时的曲率半径为电缆外径的 15 倍（纸绝缘铅包电缆塑料护套电缆是 8 倍），所以直埋电缆沟要挖成弧形弯，确保敷设电缆转弯时的曲率半径达到规定的电缆外径倍数值。另外注意：冬季电缆敷设时要预先加热。因为在冬季低温下，由于浸渍纸绝缘内部油的黏度增大，润滑性降低，使电缆变硬而不易弯曲。

（5）电缆敷设后，上面覆盖一层厚 100mm 的细土，然后再覆盖预制好的混凝土保护板，回填素土，夯实。在地面上按规定，沿电缆直埋路径装设标桩、警告标志。

1-6　高压户外式穿墙套管的安装

高压穿墙瓷套管，两端形状不相同。

凹凸波纹形状端，必须装置于户外。　（1-6）

说明 🔍

高压户外式穿墙套管的两端工作环境不同，一端处于户外，工作环境恶劣，把瓷套做成凹凸的波纹形状，有以下三点好处：①增加了表面长度，增加了沿面泄漏距离，而且每一个波纹又起到阻断电弧的作用，提高了套管的滑闪电压；②在大雨天时，波纹起到了阻断水流的作用，大雨冲下的污水不会形成水柱而引起接地短路；③尘污降落在瓷套上时，在凹凸的波纹各处将分布不均匀，因此在一定程度上能保证瓷套的耐压强度。另一端处于户内，为便于制造和降低成本，没有必要做成凹凸的波纹形状。为保证户外式穿墙套管的安全运行，在安装时必须把有凹凸波形的一端装于户外。

1-7　母线涂色漆标准和作用

💡 口诀

　　　　母线涂色漆标准，直流蓝负赭红正。
　　　　交流相序黄绿红，接地中性线紫色。
　　　　白不接地中性线，紫底黑条保护线。
　　　　母线涂漆作用大，识别相序防腐蚀。
　　　　增大了辐射能力，改善了散热条件。
　　　　引起注意防触电，提高允许载流量。　　(1-7)

🔍 说明

　　母线是各级电压变配电装置的中间环节。从电源来的电流首先集中到母线上，再从母线分配到各条线路去供用户使用。由于母线的汇集、分配和传送电能的作用，故在发电厂和变电所各电压等级的变配电装置中均占有重要地位。

　　为了便于识别相序和防止腐蚀，裸母线表面都涂上了不同颜色的油漆，母线的涂色漆标准见表 1-1。此外，涂漆还可增加辐射能力，改善散热条件，允许载流量提高 12%左右。同时还可以引起人们注意，以防触电。裸母线涂漆时在母线的各个连接处和距离连接处 10cm 以内的地方，以及涂有温度漆（测量母线发热程度的变色漆）的地方不应涂漆。凡是间隔内的硬母线均要预留 50～70mm 的长度不应涂漆，以供停电检修时挂接临时接地线之用。

表 1-1　　　　　　　　　母线的涂色漆标准

涂漆颜色	黄	绿	红	赭（红）
母线类别	交流第一相 L1（A）	交流第二相 L2（B）	交流第三相 L3（C）	直流正极 ＋
涂漆颜色	蓝	白	紫	紫底黑条
母线类别	直流负极 －	不接地中性线 N	接地中性线 NE	保护接地线 PE

1-8　交流母线的排列方式和位置

口诀

配电屏柜内母线，屏前看去的方位。

交流第一二三相，垂直排列上中下。

水平排列两规律，后中前和左中右。　　（1-8）

说明

　　成套配电装置高压开关柜和固定式低压配电屏中所装置的三相交流电源母线，都是按规定的顺序排列的。矩形母线的排列方式有以下几种：

　　(1) 平放水平排列。变配电所内的主母线通常都水平放置于柜（屏）顶的支持绝缘子上，其中心距为 250mm（载流量为 2000～3000A 的母线中心距为 350mm）。平放水平排列的优点是母线对短路时产生的电动力具有较强的抗弯能力，缺点是散热稍差。

　　(2) 立放水平排列。优点是散热好，缺点是抗弯能力差。

　　(3) 立放垂直排列。优点是散热好，抗弯能力也强，但增加了空间高度。

（4）三角排列。手车式高压开关柜采用这种排列方式，可减少开关柜的深度和高度，布置也显得比较紧凑。

各种排列方式时母线的排列位置及相别见表1-2。

表1-2　　　　　　　　　母线的排列位置及相别

相　　别	母线排列位置（自屏前向母线看去的方向）		
	垂直排列	水平排列	
交流第一相（L1）	上	后	左
交流第二相（L2）	中	中	中
交流第三相（L3）	下	前	右

1-9　电焊机二次绕组的接地或接零

🔆 **口诀**

　　　　电焊机二次绕组，焊件与其相接端。
　　　　必须接地或接零，要求接点只一个。
　　　　实施正确接线法，以免烧坏保护线。
　　　　二次绕组和外壳，设置独立接地体。
　　　　焊件已接地或零，绕组不再接地零。　　（1-9）

说明 🔍

　　焊接安全技术中明文规定：电焊机外壳、二次绕组与焊件相接的一端必须接地或接零。有些电工认为电焊机外壳应该接地或接零，但二次绕组则不必。其理由是交流电焊机的一次绕组和二次绕组相当于一台隔离变压器，对隔离变压器来说，二次绕组是不应该接地或接零的。

对隔离变压器来说，二次绕组的确不应该接地或接零，并要求二次绕组的任何一根引出线对地应该绝缘。唯有这样做，才能保证使用者接触二次绕组的任何一根线都不会发生触电事故。然而电焊机与隔离变压器的使用有一个根本不同的地方，即焊件对地往往是不绝缘的。因此电焊机的搭铁线和焊件相接后，二次绕组对地也就不绝缘了。由于二次绕组的空载电压高达 70～80V，因此在焊接时必须戴好绝缘手套、穿好绝缘鞋才能工作。

电焊机二次绕组接地或接零的目的，不仅仅是为了防止二次绕组的空载电压对人的损伤，事实上，二次绕组的接地或接零也不能完全防止二次绕组空载电压对人可能引起的伤害。焊接安全技术中对此作了如下说明：当一次绕组绝缘击穿，一次侧电压窜到二次绕组时，这种接地或接零保护就能保证焊工的安全。因此，如果在电焊机的一次侧加装漏电开关，就可得到更可靠的安全保证。

电焊机二次绕组的接地或接零必须正确，如接法不对，往往会把保护线烧坏，甚至因过热而引起火灾。图 1-2 是一种常见的错误接法：电焊机二次回路接零，工件本身也采用保护接零，且接零点不在同一处。于是电焊机二次回路的焊接电流有两条通道：一条由电焊机二次回路 1 端→焊钳→工件→电焊机二次回路 2 端；另一条通道从电焊机二次回路 1 端→焊钳→工件→保护零线 3 端→电源零线→电焊机二次回路 2 端。电焊机二次回路的焊接电流可高达几百安。因此，二次引出线一般采用 35～50mm^2 的专用铜心电缆线，而保护零线通常用截面 10mm^2 以下的导线。所以截面较小的保护零线就容易烧坏。其次，电焊机二次回

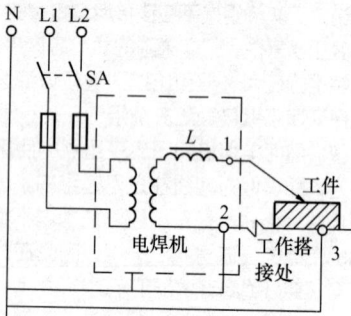

图 1-2　焊机二次回路与工件的
接零点不在同一处

路保护零线人都用螺钉连接或焊接，其接触电阻很小；而电焊机搭铁线与工件的接触，一般采用搭接或压接的方法，其接触电阻较大。这样就使焊接电流大多从保护零线上通过，也就更容易使保护零线烧坏。

有时被焊接的工件本身并没有接零或接地，但焊接时也发生电焊机保护零线烧坏的现象。这种情况往往发生在多台电焊机同时焊接同一工件的情况下，如图 1-3 所示。一台电焊机的焊接电流就会通过另一台电焊机的保护零线

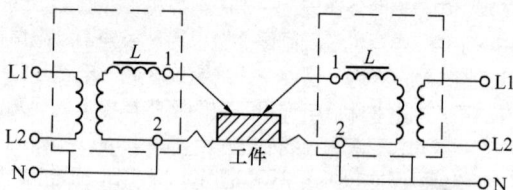

图 1-3　两台焊机共焊同一工件示意图

构成回路，保护零线就会被烧坏。

　　电焊机二次绕组接零的正确方法如图 1-4 所示。为避免保护零线烧坏，电焊机的二次回路只可一点接地或接零。若工件已有良好的接地或接零，那么二次绕组就不可再接地或接零。另一种正确的接法如图 1-5 所示，电焊机的外壳和二次绕组设置独立的接地体（接地电阻小于 4Ω）。当相线与地短路而故障尚未切除前，故障电压不会蔓延到电焊机外壳及工件上，因此图 1-5 所示接法比图 1-4 所示接法更安全。

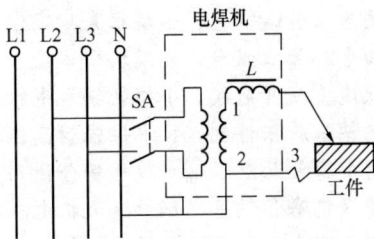

图 1-4　电焊机的二次回路只有
一点接零示意图

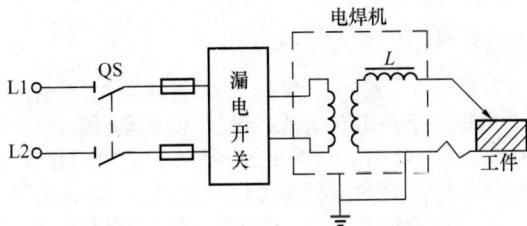

图 1-5　电焊机二次绕组设置独立接地体

1-10　电动机轴承润滑脂的正确选用

电机轴承润滑脂，中等黏度油膏状。
常见基脂会选用，牌号不同不混用。
钙基淡黄暗褐色，不耐高温抗水强，
五个牌号三温限，高温场合不宜用，
高速轻载封闭式，离心水泵电动机。
钠基深黄暗褐色，不抗水来耐高温，
四个牌号三温限，潮湿场合不能用。
低速重载开启式，小型轧钢机电机。
钙钠基脂深棕色，抗水性强耐高温，
两个牌号两温限，水蒸气场合使用，
替代钙基和钠基，锅炉送风机电机。
锂基脂中加三剂，防锈极压抗氧化，
多效长寿通用型，替代钙钠基使用，
四个牌号四温限，新系列节能电机。(1-10)

　　保证电动机轴承的正常运转、延长其寿命，跟合理选用润滑油脂有着密切的关系。电动机轴承润滑脂（俗称黄油）的选用，要考虑电动机的工作环境、负载的轻重状况、运行时间的长短和转速的高低等众多因素。在实际选用工作中，主要取决于电动机工作环境的潮湿程度和轴承运行的温度高低。如不满足这两个条件，会造成润滑脂流失、水解，导致轴承损坏，甚至影响生产。另外，不同牌号的润滑脂不能混用。电动机滚动轴承使用的润滑脂种类较多，现对几种常用的润滑脂作一简介，以供读者参考。

（1）钙基润滑脂是由脂肪酸钙皂稠化制成的中等黏度矿物润滑油。它为淡黄色或暗褐色均匀油膏状。在玻璃片上涂抹 1～2mm 厚的润滑脂，置于透光检查时应无块状物。其特点是：抗水性强、机械安定性好、纤维较短，但不耐高温。它分为 5 个牌号，运行上限温度：ZG-1、ZG-2 为55℃；ZG-3、ZG-4 为60℃；ZG-5 为65℃。

钙基润滑脂适用于一般工作温度。可用于与水接触的高转速、轻负荷或中转速、中等负荷的封闭式电动机滚动和滑动轴承的润滑。例如离心水泵的电动机轴承。这里需指出：钙基润滑脂不能用于高温的场合，当轴承温度为100℃左右时，会逐渐变软甚至流失，以致不能保证润滑，导致轴承损坏酿成事故。因此，一般只允许它在轴承运行温度60℃及以下时长期使用。

（2）钠基润滑脂是天然脂肪酸钠皂稠化制成的中等黏度矿物润滑油。它为深黄色或暗褐色均匀油膏状。其特点是不抗水、机械安定性好、纤维较长、耐高温、防护性好、附着力强、耐振动。它分为 4 个牌号，使用上限温度：ZN-1为115℃；ZN-2、ZN-3 为120℃；ZN-4为135℃。

钠基润滑脂适用于较高工作温度。可用在清洁无水分前提下，中速、中等负荷或低速、重负荷的开启式、封闭式电动机滚动和滑动轴承润滑。如可用于小型轧钢机的电动机轴承润滑，其工作环境温度较高而不潮湿，轴承运行温度在60～80℃时，可选用 ZN-2～ZN-4 钠基润滑脂。这里需指出：钠基润滑脂不能用于潮湿场合。若用于很潮湿的场合，则润滑脂接触水会因水解而流失，导致轴承缺少润滑脂而过早损坏。

（3）钙钠基润滑脂是由天然脂肪酸钙皂、钠皂稠化制成的中等黏度矿物润滑油。在钙钠基润滑脂中的氧化钠和氧化钙之比，按 3.5∶1 或 4∶1 混合即可。它为黄色或深棕色的均匀油膏状。其特点是：兼有钙基润滑脂的抗水性和钠基润滑脂的耐高温性，具有良好的输送性和机械安定性，完全可替代钙基、钠基润滑脂使用。它分为 2 个牌号，使用上限温度：ZGN-1 为 80℃；ZGN-2 为 100℃。

钙钠基润滑脂适用于较高工作温度。允许用在有水蒸气场合（不适用于低温场合）的 90kW 以下封闭式小型电动机和发动机的滚动轴承润滑，如锅炉送风机或轧钢机电动机轴承。

（4）锂基润滑脂是由天然脂肪酸锂皂稠化制成的中等黏度矿物润滑油。其特点是：在锂基脂中加入了抗氧化剂、防锈剂和极压剂之后，就成为多效长寿命通用润滑脂，并可代替钙基、钠基和钙钠基润滑脂使用。锂对水的溶解度很小，具有良好的抗水性。可长期使用在 -20～120℃。它分为 4 个牌号：ZL-1～ZL-4，使用上限温度分别为 145～160℃。

Y 系列及派生系列节能电动机的密封轴承润滑，按国家标准规定使用锂基润滑脂，优点是：可减少维护工作量，延长轴承使用寿命。

1-11 带负荷错拉合隔离开关时的对策

💡 口诀

手动装置绝缘棒，错拉合隔离开关。

错合开关有电弧，合上不准再拉开。

错拉开关双刀片，刚离开固定触头，

便见有电弧发生，立即停拉变速合；

开关已全部拉开，不许将其再合上。

三相线路上安装，单极式隔离开关，

发生一相错拉后，其他两相不操作。(1-11)

说 明

用手动传动装置或绝缘棒操作隔离开关（俗称刀闸）时，即使合错，甚至在合闸时发生电弧，也不准将隔离开关再拉开。因为带负荷拉隔离开关，将造成三相弧光短路事故。

操作中发生带负荷错拉隔离开关时，在刀片刚离开固定触头时便发生电弧，这时应立即合上，可以消灭电弧，避免事故。但如果隔离开关已全部拉开，则不许将误拉开的隔离开关再合上。如果是操作单极隔离开关，操作一相后发现错拉，对其他两相则不应继续操作。

带负荷拉隔离开关是电工作业中最常见的恶性操作事故之一，其危害甚大。除了对安全发电、供电造成严重威胁外，还可能由于误操作所产生的严重弧光而危及操作人员的人身安全，严重时甚至引起断路器爆炸，导致更大的事故。

1-12 进户线进屋前应做滴水弯

口 诀

进户线用绝缘线，进屋前做滴水弯。

弧形导线弓子线，线条垂状流水快。

松弛垂下最低点，割开一个小豁口。

设备管辖分界点，倒人字形弓子线。(1-12)

说明 🔍

由架空接户线引入室内第一个低压电器的进户线，绝大多数用塑胶绝缘导线。进户线和接户线之间的连接一般采用铰接法丁字形接头。当接户线为多股导线时，应将进户线嵌入接户线内，然后铰接。铰接的方向要由高处向低处绞绕，这样可防止雨水通过线芯与绝缘间的缝隙渗入室内第一个低压电器中。

DL/T 499—2001 中规定：进户线进屋前应做滴水弯。由架空接户线引入室内的进户线，在安装中为防止雨水沿进户线流入室内，穿墙时要做一滴水弯。即进户线连接点到进户点管口（穿墙套管向外倾斜）间的导线应有一定弛度，弧形导线滴水弯的形状似弓子，因此也叫弓子线。弓子线松弛垂下后的最低点应比进户点的标高低（一般低 0.2m），使进户线外表的水流不进室内。进户线进户点到弓子线最低点，线条呈垂直状，这样流水快。另外，因为进户绝缘导线与接户线连接的地方，雨水会沿着导线绝缘间的缝隙渗入，由于外部连接的电源导线高于户内用电器，因而雨水会从丁字形接头处沿着线芯，顺着导线，越过弓子线最低点流进户内引起故障。因此，须在进户线的进室前弓子线最低处横向把绝缘层割开一个 30mm×5mm 的滴水口，如图 1-6 所示。这样，架空线路的雨水虽然进入进户线绝缘层内，但流到滴水口处，就滴到户外了。然而在实际工作中发现仅做一个滴水弯是不够的。因为从进户线丁字形接头处进入导线内的雨水、水汽不易蒸发，时间一

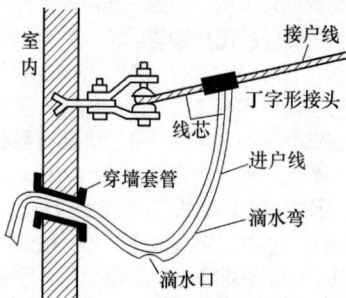

图 1-6　进户线滴水弯与滴水口

长还会加速塑胶导线的氧化、老化，这种现象在多股导线的进户线中尤为突出。因此，安装进户线时，可在丁字形接头处做一个向上弯的滴水弯，形成倒丁字形接头，如图1-7所示。只有这样才能把雨水彻底拒之室外。

　　倒人字形弓子线如图1-8所示。在老式施工中，弓子线一般都采用倒人字形接法。倒人字接法多半是因为设备

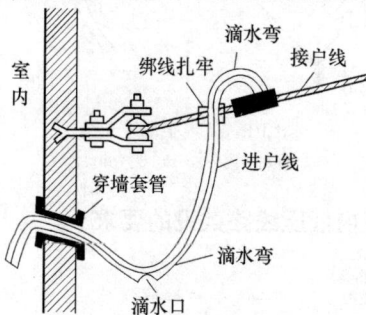

图 1-7　进户线双重滴水弯

管辖范围的分界点形成的，即接户线由供电部门管辖，穿墙套管及以内的设备由用户管辖。所以供电部门在施工中甩出弓子线线头，转交给用户，并由用户连接进户线，于是出现了弓子线倒人字接法。该进户线倒人字接法存在以下缺点：弓子线上出现了接头，并在外部缠黑胶布（由于黑胶布缠得不严密，接头中有渗水和积水现象，加速了接触面的氧化，使接触电阻增大），胶布使用寿命短，加之温度影响，绝缘性能下降；接头发生故障，检修时整个架空线路需要停电。另外，图1-8（a）所示倒人字接头，上下引线直接从接头上分出，上下引线产生的不均匀应力都反应在接头上。因此，若采用双线并垂接头，应采用图1-8（b）所示接线方式。

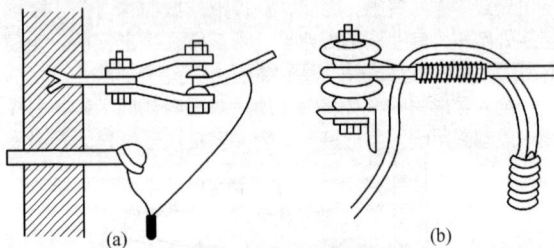

图1-8 倒人字形弓子线

(a) 倒人字接头；(b) 双线并垂接头

1-13 管内低压线路敷设的要求

🔈 **口诀**

低压线路管配线，管内穿导线要求。

橡胶塑料绝缘线，不低交流五百伏。

导线最小截面积，铜一铝为二点五。

导线占管内面积，不超百分之四十。

管内导线无接头，接头置于接线盒。

不同回路电压线，不得穿在同根管。

同一交流回路线，穿在同根钢管内。(1-13)

说明 🔍

由导线为主组成的电气线路，是构成电源和负载之间的电流通道。在电力系统中，线路的作用是把电力输送到每个供电和用电环节。将绝缘导线穿在管内配线称为线管配线，要健全线路功能和确保输配电线路性能的安全可靠，管内线路敷设导线应达到如下技术要求。

（1）为提高管内配线的可靠性，防止因穿线而磨损绝缘，故低压线路穿管导线应采用绝缘良好的橡胶或塑料绝缘线；导线绝缘强度不低于交流 500V。

（2）根据设计图纸线管敷设场所和管内径截面积，选择所穿导线的型号、规格。但对于穿管敷设的绝缘导线最小截面积，铜芯线不得低于 $1mm^2$，铝芯线不低于 $2.5mm^2$。为方便穿线，核算导线允许载流量而考虑三根及以上绝缘导线同穿于一根管子时，其导线总截面积（包括导线外护层）不应超过管内截面积的 40%（两根绝缘导线穿于同根管时，管内径不应小于两根导线外径之和的 1.35倍）。

（3）穿管敷设的绝缘导线在管内不得有接头和扭结，接头应安排在接线盒（箱）内。导线接头若设置在管内，则穿线难度大，且线路发生故障时不利于检查和修理。为此，放线时为使导线不扭结、不出背扣，最好使用放线架。无放线架时，应把线盘平放在地上，从内圈抽出线头，并把导线放得长一些。

（4）为防止短路故障发生和抗干扰的技术性要求，不同回路、不同电压等级和不同电价的用电设备导线，不得穿在同一根管内。例如照明线路、电热线路和动力线路，应分开安装和敷设，便于检查和维修。允许同一台电动机包括控制和信号回路的所有导线或者同一设备上的多台电动机线路穿在同一根管内（管内导线一般不得超过 10 根），但管内导线绝缘都应满足最高一级的电压要求。

（5）为保持交流三相线路阻抗平衡，减少磁滞损耗的技术要求，在同一交流回路的导线应穿于同一根钢管内，而且不允许在钢管内只穿入单根导线。众所周知，交流电流通过导线，其周围存在交变磁场。如果单根导线穿入钢管内，在交变磁场的作用下，钢管会因涡流和磁滞损耗而发热。这样不但降低导线载流量，而且增加了电耗，是不允许的。如三相导线一起穿过钢管，则在三相电流平衡时，三根导线周围的合成磁场为零，对外没有分布磁场。

1-14 钢管配线暗敷设时的管路要求

💡 **口 诀**

> 线管配线暗敷设，钢管管路之要求。
> 直埋地下厚壁管，经过镀锌或涂漆。
> 管子不应有裂缝，管内清净无毛刺。

管子连接用束节，外加焊铜线跨接。

管子弯曲率半径，等于六倍管外径。

管线长加接线盒，管盒固定螺母夹。

管口均加装护圈，保护导线绝缘层。

管线接地防漏电，远离暖气热力管。

(1-14)

说明 🔍

将绝缘导线穿在管内配线称为线管配线。凡用钢管或硬塑料管来支持导线的线路，叫管子线路或简称管线。管线分有明敷（线路装置敷设在建筑面上，线路走向能够一目了然）和暗敷（线路装置埋设在建筑面内或埋设在地面下）两种安装形式。钢管线路具有较好的防潮、防火和防爆等特性，有较好的抗外界机械损伤的性能，是一种比较安全可靠的线路结构，但造价较高，维修不方便。钢管配线暗敷设时对其钢管管路的技术要求如下。

（1）根据导线的粗细、根数和敷设场所，选用适当规格的经过防锈处理的钢管。直接埋入土内的钢管应用镀锌钢管，其壁厚度均不小于 2.5mm；埋入有腐蚀性土内的厚壁管应进行防腐处理（防腐漆有沥青漆、环氧漆、聚氯乙烯漆等）。

（2）配管前应检查管子的质量，钢管不应有裂缝等缺陷。必须把管内的毛刺和杂物清除干净，切断口应锉平刮光，锉圆管的内径。为减少导线与管壁摩擦，可向管内吹入滑石粉，以便穿线。这样有利于管内清洁、干燥，并便于维修换线。

（3）钢管之间连接应用束节。束节的内壁有阴螺纹，在连接前，要用螺丝绞钣把钢管的连接端绞出阳螺纹来，其长度不应小于管接头长度的 1/2。束节与钢管的连接步骤：在钢管的连接端要先绕上麻丝，涂上铅丹或白漆，以防连接后水渗入管内；然后把钢管紧紧地旋入束节；再取一段铜质多股裸线，把它焊接在钢管连接处两端，使钢管连成一个整体，以便接地，如图1-9所示。

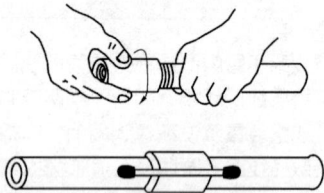

图 1-9　钢管连接示意图

（4）钢管敷设应尽可能沿最短路线并减少弯曲。但随着线路的转弯而需进行弯形，钢管转弯处的曲率半径（线管转弯处的弧度大小）不得小于钢管外径的 6 倍，如图 1-10 所示。弯曲后夹角应不小于 90°，且管径不应弯曲而明显缩小。切记钢管弯曲处不可采用现成的月弯（即管子的成品弯头）。因为线管不准因转弯而增多管与管的连接，连接处越多越易引起故障；同时成品月弯的曲率半径不符合电气线路的用管要求。

（5）管路过长时应加装接线盒。相邻接线盒之间允许的最大距离为：直线无弯曲时不大于45m；有 1 个弯曲时不大于30m；有 2 个弯曲时不大于20m；有 3 个弯曲时不大于12m。线管与接线盒连接时，每个管口必须在接口内外各用

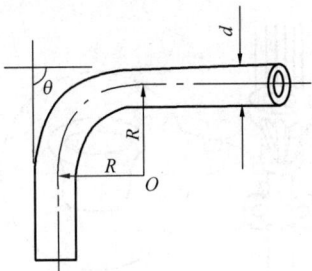

图 1-10　钢管的曲率半径

一个薄型螺母给予夹住固紧，如图 1-11 所示。如果存在过松现象或需密封的管线，均必须用裹垫物。钢管外壳与接线盒应连接在一起，即用直径 4mm 的镀锌铁线电焊焊接。

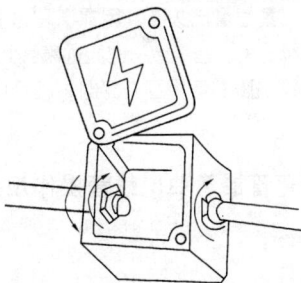

图 1-11　线管与接线盒的连接示意图

（6）钢管管口均应加装木质、橡胶或塑料护圈，如图 1-12 所示。护圈可避免管口刃口损坏导线绝缘层，防止杂物进入管内。

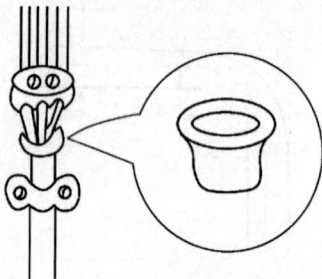

图 1-12　钢管管口加装护圈示意图

（7）钢管敷设好以后，要连成一个整体，保证管子系统全长的电气连续性，并应妥善接地。接地的方法是：刮去钢管上的漆，套上铜皮夹头，用螺母和垫圈把接地线接在铜皮夹头的螺钉上。管线敷设时应远离暖气管和热力管，当管线与暖气管、热力管相互交叉时，应采用厚石棉板进行隔热。

1-15　手动弯管器弯曲电线管操作规范

　　　薄壁钢管电线管，手动弯管器煨弯。
　　　八号铁线弯样板，以便于对照检查。
　　　弯曲部位作标记，弯管器套起弯点。
　　　焊缝作为中间层，切忌放在内外侧。
　　　脚踩管子扳手柄，稍加用力管翘弯。

逐点移动弯管器，重复前次两动作。

直至标记处末端，弯曲角度达需求。(1-15)

电线管属薄壁钢管，通常有焊缝，在弯形时务必要把焊缝作为中间层，切忌将焊缝放在弯曲处的内侧或外侧。因为焊缝处在内侧，会受到压缩力的作用；焊缝处在外侧，会受到拉伸力的作用；而中间层在弯曲形变时，是既不缩短也不延长的。故较硬较脆的焊缝不易发生皱叠、断裂和瘪陷等现象。

手动弯管器又称管柄弯管器，如图 1-13 所示。它由铁弯头和一段铁管柄组成。它适用于现场煨弯直径 50mm 以下小批量的管子，应根据管子直径选用弯管器。在弯曲管路中间的 90° 弧形弯时，应先使用 8 号铁线或薄板弯制样板，以便在弯管的同时进行对照检查。弯管时把弯管器套在管子需要弯曲部位（钢管上需要弯曲的地方标上记号，弯管器开始套在起弯点），用脚踩着管子，双手扳动弯管器

图 1-13　手动弯管器弯电线管示意图

手柄，稍加一定的力使管子略有翘上弯曲（用力不能太猛，一次弯曲的弧度不可过大，否则会把钢管弯裂或弯瘪），然后逐点向后移动弯管器，重复前次动作，直至弯曲部位的后端，使管子弯成所需要的曲率半径和弯曲角度。带有焊缝的线管弯形时，焊缝要放在弯形的侧边，防止管子因受压或拉力使焊缝裂开。

1-16 鼓形绝缘子配线绑扎法规范

口诀

鼓形绝缘子配线，绝缘子上绑导线。
导线敷设的位置，均放绝缘子同侧。
绑线导线相匹配，同一回路同规格。
配线六平方单花，十平方以上双花。
终端应绑回头线，公圈十二单圈五。(1-16)

说明

鼓形绝缘子配线是利用鼓形绝缘子（俗称瓷柱、炮仗白料、瓷珠等）支持导线的一种明线敷设方式。与瓷夹板配线方式相比，鼓形绝缘子配线可使导线与墙面距离增大，故可用于比较潮湿的地方，如地下室、浴室及户外场所。鼓形绝缘子装于木结构时，一般用木螺钉固定；装于混凝土、砖墙结构时可预埋木砖或采用木榫（包括尼龙榫），用木螺钉固定；装于角铁支架上时，可用沉头螺钉固定；此外还可用粘接法固定。

鼓形绝缘子配线施工中有两个原则须遵守：导线截面积小，鼓形绝缘子间距离应小些，反之可大些（主要考虑导线机械强度);导线截面积小,导线间距离可小些,反之应大些(主要考虑短路时相互间电磁影响)。鼓形绝缘子配线在敷设导线时,要注意两根导线在鼓形绝缘子的位置,不宜同时放在鼓形绝缘子的内侧,即两根导线应放在鼓形绝缘子的同侧,或同时放在外侧,如图 1-14 所示。

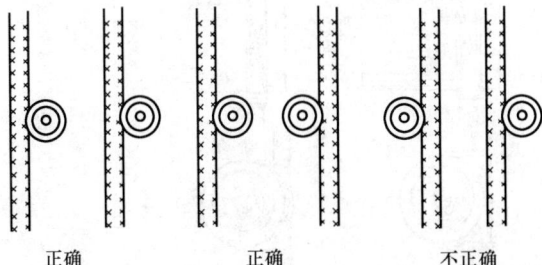

正确   正确   不正确

图 1-14   导线敷设在鼓形绝缘子的位置示意图

鼓形绝缘子配线施工中要求绝缘导线的绑扎线应有保护层,其目的是保护导线绝缘层不受损伤。一般采用橡皮绝缘线时用纱包绑线,采用塑料线时应用相同颜色的聚氯乙烯铜或铁绑线。绑扎线的规格应与导线规格相匹配,否则不易扎紧绑牢。过细的扎线,绑紧时要损伤导线的绝缘层;同一回路中不论采用单绑法、双绑法,还是终端鼓形绝缘子绑扎法,所用绑线是同一规格型号。鼓形绝缘子配线绑扎线选用见表 1-3。当配线导线截面积在 $6mm^2$ 及以下时,加挡鼓形绝缘子可采用单花绑扎法(简称单绑法);当配线导线截面积在 $10mm^2$ 以上时,受力鼓形绝缘子需采用双花绑扎法(简称双绑法)。鼓形绝缘子配线单、双绑扎法如图 1-15 所示。导线的终端鼓形绝缘子把导线绑回来,终

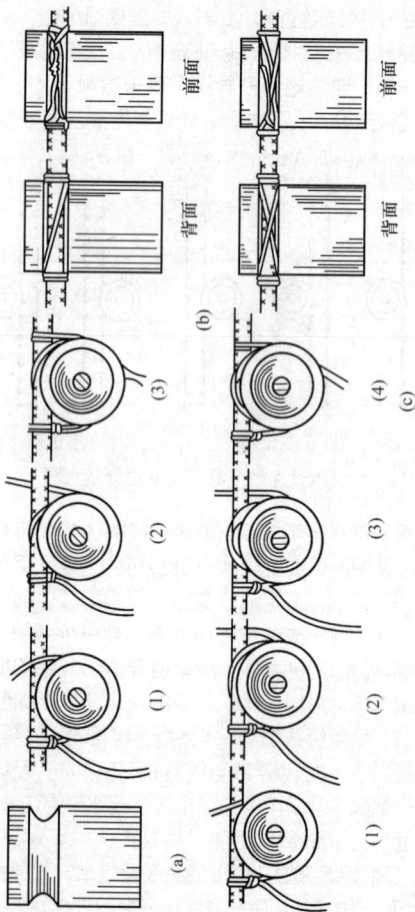

图 1-15 鼓形绝缘子配线单、双绑扎法

(a) 鼓形绝缘子; (b) 单花绑扎法 (加档鼓形绝缘子); (c) 双花绑扎法 (受力鼓形绝缘子)

端鼓形绝缘子绑扎法如图 1-16 所示。其公圈数为 12 圈，单圈数为 5 圈。

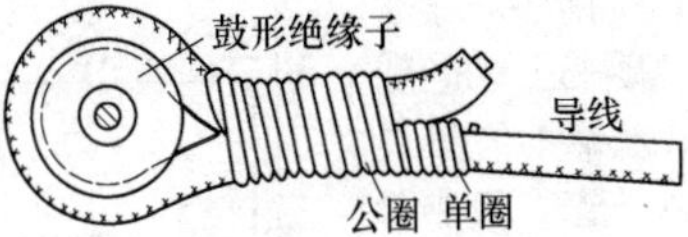

图 1-16　配线终端鼓形绝缘子绑扎法

表 1-3　　　　　鼓形绝缘子配线绑扎线选择

导线截面积 （mm²）	铜绑线直径 （mm）	铁绑线直径 （mm）
6 以下	1.0	0.8
10 以上	1.2 以上	1.0 以上

1-17　塑壳式断路器和三相刀开关应垂直正装

💡 口诀

低压塑壳断路器，开启式负荷开关。

垂直正装是规定，横平倒装都不对。

上侧引入电源线，下侧接出负载线。

进出导线不颠倒，否则容易出事故。(1-17)

塑壳式断路器是一种可以自动切断线路故障的保护电器，如图 1-17 所示。在标准和使用说明书上明确规定：塑壳式断路器应垂直（对水平面）安装，其倾斜角应不大于 5°。但有不少用户采取水平或横向安装，严格地说这是错误的。原因是塑壳式断路器的短路瞬时脱扣器是一电磁铁，其动铁心（衔铁）的释放是和重力有关的。一些电气控制设备厂在装置低压配电屏时曾经做过不同方式安装的瞬时脱扣试验，

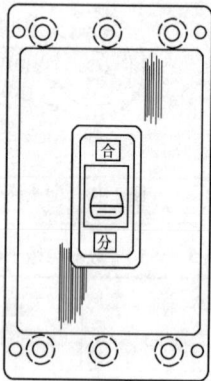

图 1-17 塑壳式断路器
正装示意图

发现水平安装与垂直安装的动作电流值误差在 10%左右（水平安装的电流值要提高 10%，即动作电流值要小 10%）。

塑壳式断路器的正规安装：电源侧接电源，负荷侧接负载（或是手柄的"ON"上面接电源，"OFF"下接负载）。这是不能颠倒的。由于灭弧系统在电源侧，一旦线路发生短路故障，断路器开断，电弧往灭弧室及喷弧栅上喷出；如果负荷侧接电源，因热空气在上面，开断时电弧中的一部分仍往上喷，就可能将软联结、双金属元件等烧损。日本一些电气公司曾做过试验，当短路分断电流在

20kA 及以下时，如进出线颠倒装，应降容 1/3。例如，原短路分断能力为 18kA，只能降到 12kA 使用，以保证安全。

三相刀开关，又称开启式负荷开关，俗称瓷底胶盖刀开关，是结构最简单、应用最广泛的一种低压电器，如图 1-18 所示。采用三相开启式负荷开关启动小容量鼠笼式电动机时，刀开关的安装应选用 1-18（a）所示方式垂直正装。这样，当闸刀切断电源时，刀片与静触头之间产生的电弧会受电磁力和热空气上升的作用而向外拉长熄灭。如果按图 1-18（b）所示方式倒装，则热空气的拉弧作用正好相反，变为阻止电弧拉长而影响灭弧，容易造成刀片与静触头的烧坏；另外，操作手柄还可能由于重力（自重）或震动而落下，引起误合闸而造成设备损坏和人身触电事故。正确的安装方式是垂直安装，电源端自上引入，负荷端从下接出。不应该倒装、横装和水平安装，闸刀拉开后刀片上应不带电。

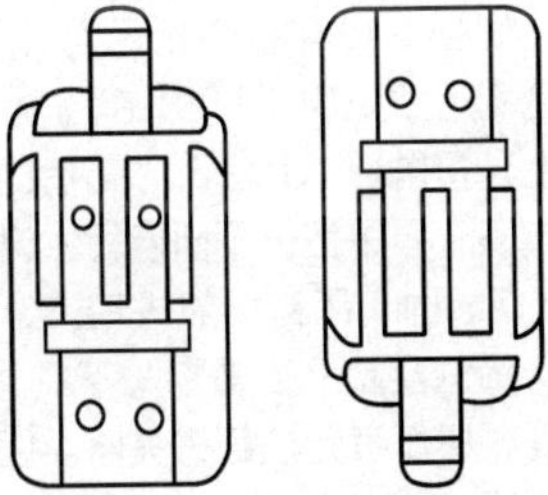

图 1-18　开启式负荷开关示意图
（a）正装；（b）倒装

1-18　电动葫芦应加有由接触器构成的总开关

💡 口诀

电动葫芦总开关，应加接触器构成。

故障紧急情况下，快速安全断电源。(1-18)

说明 🔍

正规的行车（桥式起重机）都装有由接触器构成的总开关。对于电动葫芦，有部分制造厂家或自制组装的产品并不具有此类总开关。图 1-19 所示为一种常见的线路，M1 为吊钩升降电动机，M2 为横向移动电动机（图1-19中不具有纵向移动电动机，如果采用电动葫芦构成行车，那么再加一台电动机及其可逆控制线路即可实现纵向移动）。从图 1-19 中可见，它只是在滑触线的进线端设有手动操作的断路器 QF，而没有在电动葫芦的本身控制线路中加设总接触器 K（如图 1-19 中前头所示），因此，当产生某一接触器动铁心黏合的故障时，操作者将无法断开电动机。例如吊钩上升接触器 K1 动铁心黏合时，操作者虽然松开"提升"按钮，但吊钩仍不断自行上升，升至顶端上升限位开关 SQ 切断时，吊钩仍然失控上升，会迅速发展到钢丝绳绷断，吊钩及吊起的重物坠下。而断路器 QF 远在滑触线引入处，操作者无法赶去切断。因此必须给这类电动葫芦控制线路加上由接触器 K 构成的总开关。总接触器 K 的线圈通过主控开关 SM 接在控制电源上。这样，在工作过程中，K1～K4 中任一动铁心黏合时，操作者能立即在操纵板（控制按钮盒）上切断主控开关 SM，从而

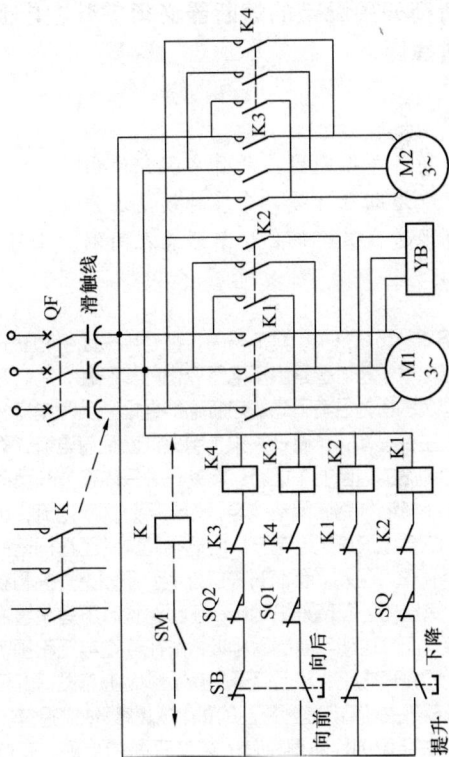

图 1-19 电动葫芦电气控制线路图

断开总接触器 K，起到紧急断开电源的保险作用。

1-19 负荷开关配带的熔断器必须安装在电源进线侧

💡 口诀

负荷开关熔断器，两者常配合使用。
装配熔断器开关，安装时候要注意，
电源进线装哪侧，熔断器装在同侧。(1-19)

说明 🔍

油断路器、负荷开关、隔离开关，都是用来闭合和断开电路的高压电气设备。但是由于电路变化的复杂性，它们在电路中所担负的任务各有不同。油断路器是切断负荷电流和短路电流的主要设备；负荷开关只是用来切断负荷电流，而短路电流由装配的熔断器来切断；隔离开关只能在没有负荷电流的情况下切断线路和隔离电源，如果用来切断电流，也应是很小的空载电流或电容电流。用途不同决定了在构造和形式方面存在重大区别。负荷开关的性能介于隔离开关和断路器之间，其结构与隔离开关相似，在断路状态下有明显可见的断开点，而其功能与断路器相近，能在额定电压和额定电流时切断和接通电路，故负荷开关有按额定电流设计的灭弧结构。负荷开关可看作是断路器的简化或隔离开关的引申。

负荷开关装配的熔断器，有的装在开关的上侧，有的装在开关的下侧，这是因为负荷开关只能切断负荷电流，因此，要加装熔断器来完成切断短路电流的任务。当负荷开关发生弧光短路时，熔断器应能可靠地切断短路电流，因此，熔断器必须安装在电源进线的那一侧。如果电源进线是从上侧进，则装在开关的上侧；电源进线是从下侧进，则须装在开关的下侧。如果熔断器装在负荷出线侧，则一旦负荷开关发生弧光短路故障时，熔断器因处在故障电流之外而不起作用。

在农村变电所中，常将负荷开关与跌落式熔断器配合使用，以取代价格昂贵的油断路器。负荷开关用来断开和接通正常负荷，跌落式熔断器用来防御短路电流。

1-20　螺旋式熔断器接线规范

💡 口诀

　　　螺旋式的熔断器，装接进出线规范。
　　　瓷套中心进电源，接底座下接线端。
　　　螺壳和出线相连，接底座上接线端。
　　　旋出瓷帽换芯子，螺纹壳上不带电。(1-20)

说明 🔍

螺旋式熔断器主要由瓷帽、熔断管（芯子）、瓷套、上接线端、下接线端及底座六部分组成，如图1-20所示。RL1系列螺旋式熔断器的熔断管内，除了装熔丝外，在熔丝周围填满石英砂，作为熄灭电弧用。熔断管的一端有一小红点，熔丝熔断后红点自动脱落，显示熔丝已熔断。使用时将熔断管有红点的一端插入瓷帽，瓷帽上有螺纹，将瓷帽连同熔断管一起拧进瓷底座，熔丝便接通电路。

螺旋式熔断器的熔断管是接在两个接线端子之间的。故在装接时，用电设备的连接线（出线）接到连接金属螺

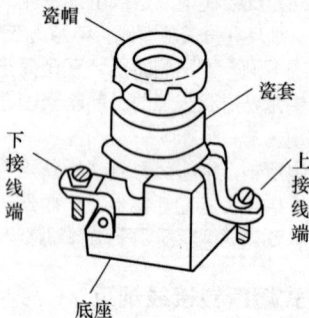

图 1-20　螺旋式熔断器示意图

纹壳的上接线端，电源进线接到瓷底座上的下接线端。这样在安装熔断管和检修时，一旦有金属工具等物触碰壳体造成短路，则熔芯就会及时熔断，避免事故扩大。如果进出线接反，而螺壳又较易与外界触及，当发生以上情况时就无熔芯保护了。再按正规的规范装接进出线，在更换熔芯时，旋出瓷帽后螺纹壳上不会带电，保证了安全。

1-21　装接熔丝的规范操作

🔔 口诀

装接熔丝要规范，停电验电后进行。
端子垫片擦干净，容量长度选适宜。
容量不足用两根，平行并接不扭绞。
中段曲弯显余量，两端顺时针绕圈。
圈径合适不重叠，平垫压住装螺钉。

旋拧螺钉慢轻稳，不能带着垫圈转。(1-21)

说明

等截面积的细长形状熔丝，熔断时可迅速熔断整个熔体，产生的过电压较高，一般只用于低压小电流场合。装接熔丝的操作较简单，一般不引起人们的重视。但日常的电气安装工作中，由于装接熔丝的不正确、不规范而引起的停电事故却是经常发生。装接熔丝的规范操作及注意事项如下。

（1）安装更换熔丝时，必须在拉闸停电且经验电后进行，绝对不允许带电作业。将连接熔丝的端子、螺钉和垫片擦干净，检查它们有无毛刺，因为毛刺会损伤熔丝而造成容量减少。然后选择好容量适宜的熔丝，并截取适当的长度。

（2）现场供选的熔丝容量不够，可将两根熔丝平行并接装使用，但不可将两根熔丝绞扭在一起使用。因为熔丝经过扭绞后，其本身受到机械损伤，且绞得越紧，机械损伤越大；改变了熔丝原来的特性，造成了容量仍然不足。

（3）将容量适宜、长度适当的熔丝中段略弯曲一下，达到中间稍有余量，以免在装接时拉长熔丝。接着在熔丝两端头按顺时针方向绕制一圈，圈径略大于螺钉杆外径，但不能重叠（重叠点上熔丝会被压伤，丝径减小；绕圈重叠的装接法在使用初期重叠点有缝隙，由于挤压较紧密，尚无问题，但时间一长会因热胀冷缩等原因，缝隙越来越大，最后造成重叠点被烧断）。然后用平垫圈压住绕圈安装螺钉。

（4）旋拧压接螺钉时不宜快，轻轻用力平稳旋紧。旋拧螺钉时不能带着垫圈一起转，否则会把熔丝向里卷，形成一定的拉力，轻者熔丝受损被拉细降低了容量，负荷稍大即烧断；重者当时就将熔丝拉断，需重新装接新熔丝。

1-22 安装吸油烟机三要点

💡 **口诀**

> 吸油烟机效果好，安装注意三要点。
> 高度选择要适当，锅台面上约一米；
> 安装角度达要求，前端上仰三四度；
> 排气管道走向顺，拐弯次数尽量少。(1-22)

🔍 **说明**

吸油烟机是常用的家庭厨房排污设备。它可直接抽走烹调时产生的污染物，排污率高达90%，而且可将分解的污物收集在储油杯中，易于拆洗。吸油烟机需正确安装才能收到好效果，安装时须注意下列三要点。

（1）选择适当的安装高度。有人喜欢尽量装得高一些，认为高出主妇的头顶操作方便。殊不知有些吸油烟机功率有限，装得太高了效果就差，甚至吸不走油烟。所以台面到吸油烟机的高度差，一般取1m左右为宜。当然，功率大的吸油烟机可适当装高一些。

（2）注意安装角度。在吸油烟机安装面的下方，左右各有一只橡皮支承脚。若靠墙安装，由于支承脚的作用，会使吸油烟机前端上仰 $3°\sim4°$，可方便油污流入位于后部的储油杯中。曾见有人拆去支承脚，以保持前后在同一水平面上，这是不合理的安装方法。因为虽然吸油烟机底部是向下倾斜的，但吸气口有一平台，若水平安装，废油就不能流入储油杯而积聚在吸气口四周的平台上，时间久了便会从边缘滴出，滴进正在炒菜的锅里。对于靠墙安装的，只要不拆去支承脚，便会自然成上仰姿态。但有不少用户是将其安装在窗户上的，这时支承脚悬空，不能发挥作用，这就要在安装面的下部与窗框之间垫上小木块，以使安装角度达到要求。

(3) 合理安装排气管道。要合理选择排气管道的走向，拐弯次数要尽量少，使气体容易排出。管道与吸油烟机的排气口的接口处不应有缝隙，否则会降低吸气效果。管道一般从窗口伸出。有人为美观与采光，将窗玻璃划出圆洞，从此处伸出管道。如果金属管道与玻璃直接接触，有强风吹动管道时就容易将玻璃碰碎，有酿成事故的危险，故须在接触部位包裹缓冲材料，或拆去玻璃，改用木板。

1-23 灯头线必须在吊盒和灯座内挽保险结

口诀

软线吊灯灯头线，绝缘良好无接头。

吊线盒及灯座内，软线必挽保险结。

盒座外壳承灯重，接线螺钉不受力。

避免导线头松脱，相线中性线短路。(1-23)

说明

日常照明灯具的安装方式有线吊式、链吊式、管吊式、吸顶式、嵌入式和壁式等。在采用线吊式时多为软线吊灯（灯具质量在1kg以下），每一盏灯准备吊线盒、灯座、灯头线（即连接吊线盒和灯座的两根电线，其一般采用绝缘良好的无接头多股铜芯软线）等灯具。

软线吊灯的灯具组装：截取一定长度的软线，两端剥出线芯，把线芯拧紧后涮锡（如果是棉纱编织线，则在线头处缠一圈绝缘带，把棉纱粘住，防止散开）；打开灯座及吊盒盖，将软线分别穿过灯座及吊盒盖的洞孔，然后挽保险结。吊灯软线保险结的挽法如图1-21所示；吊线盒和灯座内软线保险结如图1-22所示。为防止用导线的连接点（接线螺丝处）来承受灯具的重量，灯头线在吊线盒内及灯座内应各挽一个保险结，使灯座、灯泡和灯罩重量支承在吊线盒和灯座外壳上，以免接线头受力引起松脱、断裂，甚至灯具落下或相线、中性线互碰引起的短路事故。

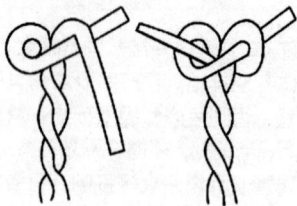

图 1-21 吊灯软线保险结的挽法

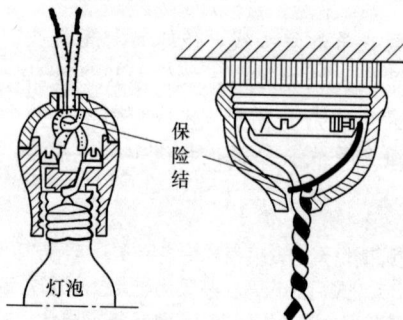

图 1-22 吊线盒和灯座内软线保险结

1-24 螺口灯头接线规范

♀ 口 诀

　　螺口灯头装修换，接线一定要规范。
　　相线串接灯开关，后接灯头中心点。
　　中性线直进灯座，接到灯头螺纹上。(1-24)

说 明 🔍

　　螺口灯头事故多的主要原因是：我国生产的螺口灯泡，一般有 E27/27 和 E27/35 两种，这两种灯泡的金属螺纹的直径都为 27mm，而高度分别为 27mm 和 35mm，通用一种螺口灯头（即灯座）。当用 100W 及以下容量的 E27/27 螺口灯泡时，在灯泡旋入或旋出过程中，会有部分金属外露，容易触电，如图 1-23（a）所示；如果用 100W 以上 E27/35 灯泡时，更不安全，不管灯泡是否旋入灯头，总有很大一段的金属部分外露，如图 1-23（b）所示。为了防止触电事故的发生，应采用安全螺口灯头，使灯泡的金属部分不外露。

　　在安装螺口灯头时，可能发生的三种错误接线及其会产生的不同后果如下：

　　（1）相线不进灯开关，不接到灯头中心弹簧片上。即相线直接接在灯头金属螺纹上，灯开关串接在中性线上，是双重错接，如图 1-24（a）所示。不管灯泡是否亮，灯头金属螺纹外露部分总是带电的，有触电的危险。

　　（2）相线不进灯开关，但接在灯头中心弹簧片上。即灯开关串接在中性线上，如图 1-24（b）所示。灯开关即使

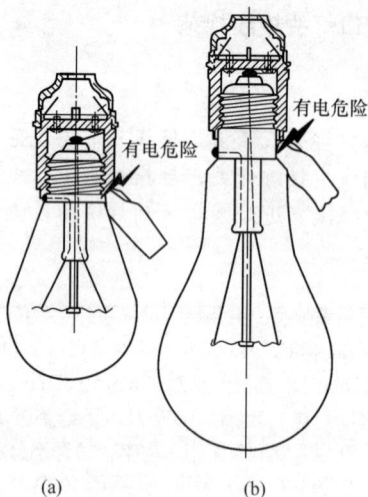

图 1-23　螺口灯头易触电示意图

(a) E27/27；(b) E27/35

断开，电仍能通过灯丝传导到灯头金属螺纹上，使灯头金属螺纹外露部分带电，也有触电的危险。

(3) 相线串接灯开关，但相线没接到灯头中心弹簧片上，而是接在灯头螺纹上，如图 1-24(c) 所示。如果闭合灯开关，则灯头金属螺纹外露部分带电，仍不安全。

螺口灯头唯一的正确接线法是相线串接灯开关后接到灯头中心弹簧片上，中性线（零线）直接接在灯头的金属螺纹上，如图 1-25 所示。另外，在安装或调换螺口灯头前，应检查螺口灯头的中心舌片位置是否在正中心，有无

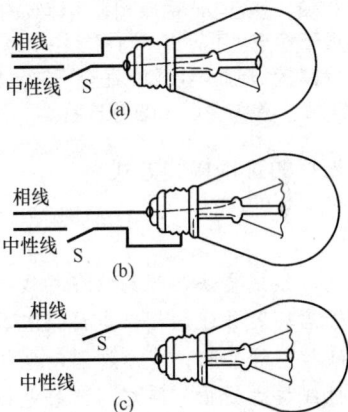

图 1-24 灯头错误接法示意图

(a) 相线不进灯开关，不接到灯头中心弹簧片上；(b) 相线
不进灯开关，但接在灯头中心弹簧片上；(c) 相线串接灯开
关，不接到灯头中心弹簧片上

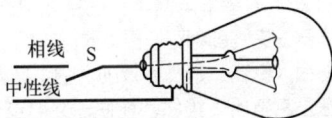

图 1-25 螺口灯头正确接线法示意图

松动现象，舌头螺钉是否拧紧等。因为不管是座灯式螺口
灯头还是软线吊灯式螺口灯头，其中心舌头一般用螺钉固
定在灯头上。而在安装和维修的实践中发现，由于出厂时
螺钉未拧紧或路途运输震动的原因，有不少灯头的中心舌

头偏离中心位置，甚至中心舌头和金属螺纹的底相接触。如果装灯头时不检查、不处理，当将螺口灯泡装上去时，中心舌头和金属螺纹的底相接触，在灯开关合上送电时就会造成短路故障，烧毁灯头，烧断保护熔丝。

1-25 日光灯的正确接线方式

口诀

日光灯接线要诀，开关装在相线上。

灯管启辉器并连，相线串接镇流器。

相线接灯管管脚，连启辉器动电极。

中性线接灯管脚，连启辉器静电极。(1-25)

说明

日光灯是目前除白炽灯外产量最高、应用最广的一种光源，具有加工比较简单、成本低、光效高、光线柔和、寿命长等优点，并可以任意选择光色。

在日光灯照明的基本电路中，在接入电路时，灯管、镇流器和启辉器三者间的相互位置，对日光灯的启动性能、灯管寿命均有很大影响，是不等效的。图 1-26 所示的四种接线方式，在正常电压下虽然都能使日光灯发光工作，但其启动性能不是等效的。实践证明，以图 1-26 所示的第四种接线方式最正确，它有最好的启动性能。因为它的镇流器串接在相线上，并与启辉器中双金属片电极（可动电极）相连接，可以得到较高的脉冲电动势。在环境温度 8～32℃，相对湿度为 5％左右，电源电压在 220V±10％时，灯管只跳动一次就可启燃。而图 1-26 所示的第一种接线方

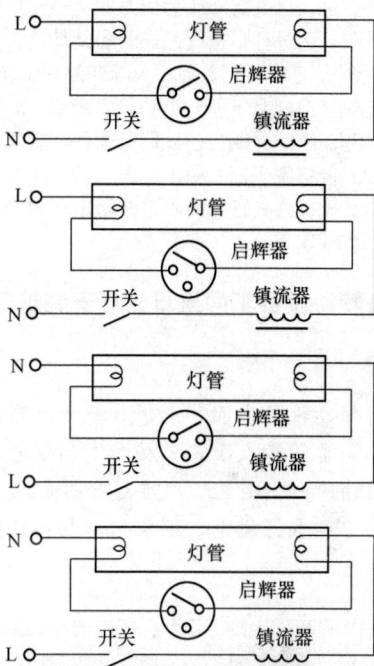

图 1-26 日光灯的四种接线方式示意图

式启动性能最差，在上述条件下可能要跳动 2~4 次，灯管才能点燃。如果是在严冬、高温或梅雨季节，跳动次数就更多，甚至根本不能点燃（因为镇流器的位置既没串接在相线上，也不与启辉器中的双金属片电极相连接）。同时该接线方式中开关装在中性线上，开关断开时灯管仍然带电，不仅不安全，而且在绝缘不十分良好时，日光灯灯管会发出微弱的闪光。另外，灯管在启燃时多跳动几次（每启动一次，在两阴极之间就要受到一次脉冲高电动势的冲击，这种冲击加速了灯丝上电子发射物质的消耗），灯管的寿命也相对地缩短。实践证明，日光灯灯管固定位置长期使用不变，也就是说接镇流器一端的日光灯管，时间一长容易由白变黑。因此，日光灯灯管固定位置每年对换一次，可以延长灯管的使用寿命。

1-26　有转动设备车间里日光灯安装规范

💡 **口诀**

> 有转动设备车间，采用日光灯照明。
> 不论负荷量大小，三相四线制供电。
> 为消除频闪效应，灯要逐个分相接。
> 若单相电源供电，须采用移相接法。（1-26）

🔍 **说明**

在用日光灯照明的同一场所，如安装在有转动设备车间里的日光灯，要逐个分相接入电源。因为日光灯的光通量随着交流电压的周期性变化而产生变化，如果被照物体处于转动状态，会使人的眼睛产生错觉，尤其是当旋转物体的转动频率与灯光闪烁频率成整数倍时，人会产生物体并没有转动的感觉。这就是所谓的频闪效应。为保证安全生产，消除频闪效应的影响，日光灯通常分相接入电源。故安装在有转动设备车间里的日光灯，虽然其负荷量并不大，也要采用三相四线制供电。因为对称三相电源电压不会同时过零，则可减弱日光灯的频闪效应。如果是单相电源供电，则必须采用移相接法（此法既不方便又不经济，不宜采用）。

1-27　高压汞灯和碘钨灯的安装要求

💡 **口诀**

> 高压汞灯碘钨灯，安装要求比较多。
> 额定电压要相符，电源电压波动小。
> 点燃之后温度高，周围散热空间大。
> 高压汞灯垂直装，横向安装易自灭。
> 启动过程时间长，频繁开闭处不装。
> 水平安装碘钨灯，小于四度倾斜角。
> 灯丝脆弱易折断，震动场所不宜装。(1-27)

🔍 **说明**

安装高压汞灯（汞灯正常工作状态下，内管中的汞蒸气气压相当于 $4×101.325～5×101.325Pa$，所以称为高压汞灯）和碘钨灯（最早使用的卤钨灯，属热辐射光源。它和白炽灯一样靠电流加热灯丝至白炽状态而发出光亮）的技术要求分述如下。

(1) 电源（或说供电线路）电压应与灯所标额定电压相符，过高、过低均影响灯的光、电参数。电源电压变化对高压汞灯的光、电参数影响如图 1-27 所示。当供电电压急剧降低时，灯的电流降低而灯的电压上升，在降低了的电源电压下灯泡电压就显得过高，这样在电流经过零值后

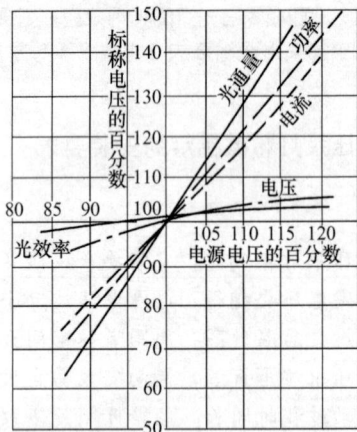

图 1-27 电源电压变化对高压汞灯的光、电参数影响

再着火就很困难而导致熄灭（若电源电压突然降低超过5%，可能会造成灯泡自行熄灭）。启动电流和工作电流大时寿命减短，而影响启动电流和工作电流的因素主要是电源电压。光通量对电源电压的变化较敏感，电压降低时光通量输出也迅速减少。

电源电压变化对碘钨灯的光、电参数影响如图 1-28 所示。从图 1-28 中明显看出，电压过高影响寿命，过低影响光效。当电压升高至额定值的 5% 时，寿命将缩短到额定值的 50%；当电压高于额定值的 10% 时，寿命将缩短到额定值的 30%，而此时发光效率仅增加了不足 20%。反之，若电源电压低于额定值 5% 时，寿命几乎增加了一倍，但光效率却降到了额定值的 85%。所以要求电源电压最好不要超

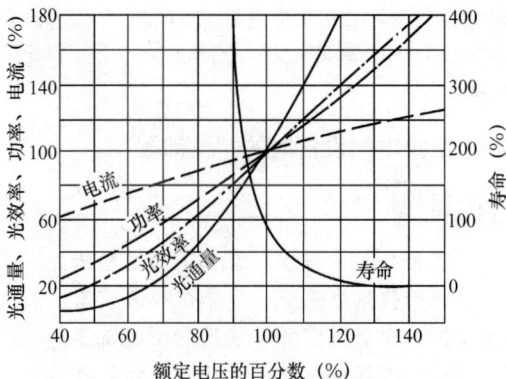

图 1-28　电源电压变化对碘钨灯的光、电参数影响

过额定值的±2%，电压波动要小。

（2）正常工作时（点燃后）温度较高（据测定 400W 高压汞灯的表面温度约为 150～250℃；碘钨灯管壁温度在 600℃左右），故其周围必须有足够的散热空间，附近不得有易燃杂物。否则会影响其使用寿命和光效，甚至可能引起火灾。

（3）高压汞灯宜垂直安装。因其水平安装时容易自行熄灭，而且光通量输出有所减少。高压汞灯整个启动过程约需要 4～8min，若电源电压突然降低造成灯泡自行熄灭后，电压恢复后也要经 5～10min 才能恢复正常。故不宜安装在需要频繁开、闭照明的场所，或接在电压波动较大的供电线路。

（4）碘钨灯一般为管状，灯丝较长，故经受不起震动和冲击。所以要求灯管应保持水平状态，其倾斜度不得大于±4°（因碘钨灯倾斜时，碘化钨将积聚灯管底部，使引线腐蚀损坏，而灯管的上部由于缺少卤素，不能维持正常的碘钨循环，使灯管很快发黑、灯丝烧断），还不宜安装在震动较大的场所。

1-28　检修电气设备时的"拉郎配"

> 理论知识学得少，常犯下面这些错。
> 六千伏供电系统，十千伏级避雷器。
> 保护配变避雷器，装设管型避雷器。
> 纺织专用电机坏，竟用一般电机代。
> 行灯变压器损坏，自耦变压器替代。
> 晶闸管过流保护，普通低压熔断器。
> 室内塑料管配线，配套装铁接线盒。
> 交流直流继电器，电压相同互代替。
> 同一电源系统中，不同材料接地体。
> 电烤箱门玻璃坏，用普通玻璃替换。
> 不同瓦数日光灯，镇流器互换使用。(1-28)

替代法，也就是替换法，是在诊断电气故障和检修电气设备时行之有效的工作方法。但有些维修电工理论知识学得少，学问浅薄，常在检修电气设备时犯"拉郎配"。结果旧毛病未除，新故障发生；甚至会造成重大损失，严重时还会造成事故。

（1）在 6kV 供电系统上采用 10kV 等级的避雷器保护

设备是不适宜的，效果不好。6kV 电气设备的雷电冲击耐受电压为 60kV。FS-6 避雷器的雷电冲击电流时的残压不大于 30kV，雷电冲击放电电压不大于 35kV。FS-10 避雷器的雷电冲击电流时的残压不大于 50kV，雷电冲击放电电压不大于 50kV。

避雷器动作后，可以认为有一个等于避雷器残压的过电压波沿导线向前传播。当这个过电压波遇到变压器、断开的杆上隔离开关等电气设备时，会发生反射，一般情况下，反射作用都将使入侵的过电压波峰抬高，严重时可达到 1.5～1.8 倍（理论上最高可达 2 倍）。用 FS-6 避雷器时，上述入侵过电压波反射后可达到 30×（1.5～1.8）＝ 45～54kV，略低于 6kV 电气设备的耐受冲击强度 60kV。用 FS-10 避雷器时，上述入侵过电压波反射后可达到 50×（1.5～1.8）＝75～90（kV），超过了 6kV 电气设备的耐受冲击强度 60kV，将使设备损坏。由此可见，用 10kV 等级的避雷器保护 6kV 级电气设备是不适当的。

（2）FS 型避雷器主要用于 10kV 及以下的配电变压器、柱上油断路器、隔离开关、电缆头和电容器等电气设备的保护，因而又叫配电型避雷器。不能用管型避雷器来保护变压器或电动机等有绕组的电气设备的原因：①管型避雷器的伏秒特性陡，即冲击系数很大，而变压器伏秒特性是比较平坦的，即冲击系数较小，两者绝缘配合不理想；②管型避雷器动作后会产生截波，截波会在无特殊保护措施的变压器首端的匝间绝缘上造成很大的电位差，引起绝缘损坏，甚至危及相间绝缘。所以管型避雷器一般只用在线路上或变电所的进线段上，而不能用来保护变压器或电动机等有绕组的电气设备。

（3）纺织专用电动机适用于多纤维、湿度大、有腐蚀性和爆炸性气体的环境。具有软启动、大惯量、恒张力控制等机械特性。因此，它的结构特殊，通常设计成全封闭自扇或它扇；为防纤维堵塞，采用净流风罩；为防酸，定子采用钟罩式等。故不能用一般用途的电动机替代纺织专用电动机。

（4）行灯变压器是为了保证安全而使用的，因此，除了二次侧有较低的电压外（一般为 24、36V），还要求其不与原来线路接通。自耦变压器在一次侧间有电气连通，不能和原电路隔开，因而不能作为行灯变压器。如图 1-29（a）所示，行灯变压器的一、二次侧绕组在电路上是相互绝缘的，一次绕组的高电压不会传到二次绕组，因此，低压端是安全的，而自耦变压器的二次绕组就是一次绕组中的一部分，输出电压的一个接线端就是一次绕组的一个进线端，如图 1-29（b）所示。当 A 端接在相线时，即 A、C 之间的电压只有 36V，但 A 端对地电压有 220V，如操作人员触及 A 点，极易造成触电事故。所以自耦变压器不能替代行灯变压器来使用。

（5）晶闸管整流装置中，晶闸管元件的保护，应该用快速熔断器。晶闸管元件过电流时，因其热容量小，温度上升

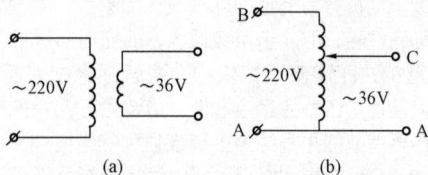

图 1-29　行灯、自耦变压器原理示意图
(a) 行灯变压器；(b) 自耦变压器

快，可使 P-N 结烧坏，造成元件内部短路或开路。因为其允许过载的时间非常短，因此，必须采用快速熔断器作过电流保护。快速熔断器熔断时间短，当过电流为额定电流的 3 倍时，可在 0.3s 内熔断，能满足晶闸管元件的要求。而保护普通低压电器的 RM 和 RTO 型熔断器，在同样过电流倍数下，其熔断时间长得多，不能满足保护晶闸管元件的要求。因此，不能用普通低压熔断器来代替快速熔断器。

（6）室内塑料管配线时，如果使用铁接线盒，则在铁接线盒内部有漏电的时候，铁接线盒会带电。由于铁接线盒连接的塑料管是绝缘体，铁接线盒不能利用管路进行接地，使铁接线盒无保护接地，如触及铁接线盒就很不安全。为此，塑料管配线禁止使用铁接线盒。

（7）交流继电器接入交流额定电压时，线圈的总阻抗是由电阻和电抗组成的。如接在直流额定电压上，则线圈无电抗值，只有电阻值，使总阻抗值减小。因线圈两端的电压值不变，线圈中的电流增大较多，超过允许电流值，容易把线圈烧坏。直流继电器接入直流额定电压时，线圈的总阻抗只是电阻值。当接在交流额定电压上时，线圈的总阻抗要加上电抗值部分，所以总阻抗值增大。因线圈两端的电压值不变，线圈中的电流就减小，电磁力也将减小，使铁心不易吸合。因此，额定电压相同的交、直流继电器不能互相代替。

（8）为降低工作接地的接地电阻，采用了铜接地体；而对重复接地，为了降低造价采用角钢接地体。这种做法是错误的。因为不同材料在土壤中呈现的电位是不同的，铁（Fe）为 $-0.44V$，铜（Cu）为 $+0.337V$。如果工作接地用铜接地体，重复接地用铁接地体，这两个电极之间就存在 0.777V 电位差。此电位差在电力系统中虽是微不足道的，但在土壤中会引起电腐蚀，使负极逐渐腐蚀，这是电气工作中不希望发生的。在电气工程设计中，为避免出现这种情况，当工作接地的接地体采用铜接地体时，地下接地线及重复接地都应该采用铜质材料。

(9) 电烤箱的门玻璃坏了，不能用普通的平板玻璃替换。因为电烤箱的门玻璃是一种经过高温淬火的钢化玻璃，其内外各个部位的热应力经过高温淬火后，可减少到最低的程度，能承受较大的温差。电烤箱在烘烤食品时，门玻璃内侧承受到 180~250℃ 的箱内高温烘烤，外侧感触到的却是 20℃ 左右的室温，门玻璃内外侧温度差高达 200℃ 之多。如果用普通平板玻璃作电烤箱门玻璃，会因内外温度差造成的热应力而即刻炸裂，甚至会造成人身伤害事故。

(10) 日光灯正常工作时，镇流器与灯管相串联，起着限流作用，使灯管能在设计要求的工作电压和电流下工作。瓦数不同的灯管应配用不同阻抗的镇流器。例如，40W 镇流器的阻抗为 264Ω，使 40W 灯管的工作电压为 112V，通过的电流为 0.41A；20W 镇流器的阻抗为 457Ω，使 20W 灯管的工作电压为 60V，通过的电流为 0.35A。因此，不同瓦数的日光灯镇流器不能互换使用，否则会使日光灯不能启动或使灯管烧坏。

1-29 电气设备添加油规范

💡 口诀

电气设备添加油，过多过少危害大。

少油断路器油位，保持在规定范围。

变压器正常油面，油面计指示中间。

电机轴承润滑脂，占空腔容积一半。

录音机含油轴承，三至五年不加油。(1-29)

电工不仅要清楚地知道电气设备的型号规格、性能等，而且要知道应添加油的种类、牌号、性能、适用范围，以及加油的数量；深刻地认识到电气设备中添加油量的过多或过少，都会严重影响设备的安全运行，且危害甚大。

(1) SN 型户内少油断路器的油箱内注有一定数量合格的变压器油。当断路器切断负载电流或短路电流时，动、静触头之间的变压器油受电弧加热分解出高压力的气体，并借灭弧室作用，迅速切断电弧，完成油断路器的操作。如果油量过少，产生的气体压力不足，就不能切断电弧，反而会使触头烧毁，甚至引起爆炸；另外油面过低，会使断路器的绝缘材料露出油面，暴露在空气中容易受潮，降低了绝缘强度。如果油量过多，油面与油箱顶部的空间太小，当切断电弧时，油面随气体压力的增大而迅速上升，会造成油、气外溢和油箱受压过高而变形，甚至发生爆炸事故。所以，少油断路器的油位应严格地按照制造厂的规定进行注油，保持标准的油面高度。

(2) 电力变压器中的油是变压器油，变压器油的作用为绝缘和散热。100kVA 及以上容量的变压器都在顶盖上装置储油柜（油枕），用钢管和油箱连接，使得整个变压器油箱内都注满变压器油，在运行时由热而膨胀的油可以到储油柜里去。这样油和空气接触的面积大大减少，且空气不会直接和油箱里面的油接触，而只和储油柜里的油发生关系。储油柜的体积一般是变压器油箱的 1/10，变压器中的油量要保证在最冷的时候油箱里始终充满油，储油柜里有一定量的油（油面在储油柜直径 1/10 处），即油面计里有指示；在最热的时候不能让油溢出来，储油柜里有一定空间（油面不得超过储油柜直径 6/10 处）。电力变压器正常运行时，油面计指示在 1/4～3/4 为佳。

电力变压器里加注的油量过多，当环境温度较高、变压器满载或过负荷运行时，特别是当变压器内部发生故障时，变压器油的温度突然增加，而且在大多数的故障情况中有气体产生。这样由于突然的变化，油面上的空气和产生的气体不能很快排除出去，就可能在变压器油箱里产生很大的压力，结果使油箱变形，甚至破裂损坏。更有甚者，由于套管破裂和闪络，油在储油柜内油的压力下流出，并且在顶盖上燃烧，发生火灾。

变压器里的油量因渗漏、取样、放油等而减少，导致油面计里看不到油面。当冬季温度剧烈降低或晚间负荷剧烈减小时，油温降低，体积缩小，油面过低造成装置的气体继电器动作而停电；无气体继电器装置的变压器，油面过低会使变压器的上层线圈、分接头切换开关触头、铁心的穿心螺栓等失去绝缘和散热，导致变压器过热，铁心绝缘严重损坏。

（3）电动机滚动轴承里加注润滑脂，其作用是润滑、减少摩擦和磨损，同时还有冷却、传热、防尘、防锈和减震等功能。更换轴承内润滑脂时，其填充量一般约占轴承室空间的 1/3～1/2 为宜，润滑脂用量不能超过轴承室容积的 50%～70%。如果电动机滚动轴承内润滑脂过多会增大滚珠的滚动阻力，增加机械磨损，产生高温使润滑脂熔化而流入绕组，导致轴承因缺油而损坏；如果润滑脂加填过少，轴承得不到全部润滑而加速了轴承磨损，产生高热，使润滑脂熔化，渗漏流失，造成恶性循环，引起轴承过热损坏。

(4) 录音机的机械传动部分一般不加润滑油。因为现在使用的录音机，其主导轴轴承、电动机轴承等主要部件，在制造时一般都使用含有润滑油的轴承。这些轴承可以使用 3～5 年而无需加注润滑油。故使用时切勿自行加注润滑油，以免污染橡胶部件，影响录音机原有性能发挥。

1-30 调换熔体时八不能规则

💡 口诀

> 负荷开关熔断器，调换熔体八不能。
> 调换熔体要断电，不能带电冒险干。
> 熔断原因未查清，不能贸然换熔体。
> 负荷未变换熔体，容量等级不能变。
> 同一负荷开关内，不同熔体不能装。
> 彩电延迟型熔丝，普通熔丝不能用。
> 填石英砂熔断管，额定电压不能错。
> 螺旋熔断器熔体，工作方式不能改。
> 瓷插熔断器座内，石棉布垫不能取。(1-30)

🔍 说明

低压负荷开关及熔断器中熔体，在工作时是串接于电路中的，对线路和电器设备起短路和过载保护的作用，保证线路和电器设备正常安全运行。现将在进行调换熔体工作时的"八项不能规则"介绍如下。

(1) 进行调换熔体工作时，一定要在拉闸停电且经验电后进行，绝对不能带电冒险作业。避免偶尔不当心使身体或者工器具触及带电部分而引起触电事故或者发生闪络（导体与外壳间或相间）；避免可能发生的带负荷拨出熔断器熔体的事故（因熔断器的固定接触头是不能用来切断电流的，可能在拨出熔断器熔体时有电弧产生而灼伤人体或造成设备损坏）。

(2) 负荷开关的熔体，不论因短路电流或过负荷电流还是其他原因而熔断，不能贸然调换新熔体。而是需查清烧断原因，排除存在故障后再更换。同时不能断了一相就只更换一相，而是同一负荷开关上的熔体均更换新的。因其未熔断的熔体也经过热损，留用易在以后正常工作时熔断；虽然新旧熔体规格相同，特性也相似，但熔断特性和截面积却不相同了。

(3) 调换熔体只许更换和原来规格、容量、电压等级相同的熔体，不能私自把熔体的额定电流规格放大、熔体的额定电压等级降低。因为这样做就失去了熔断器的保护作用。除非用电负荷改变，不然是不允许私自更改的。

用电负荷变大，调换熔体的额定电流一定要和熔断器配合。因为同一种熔断器可装额定电流不同的熔体，但是只能够是熔体的额定电流比熔断器的容量小，至多相等，决不能超过（熔断器的额定容量是根据其接触部分和端子等的发热情况来决定的）。

(4) 同一负荷开关或熔断器式隔离开关，必须调换同一种类的熔体，不能混换装同容量而非同种类的熔体。因为不同种类的熔体的熔断特性大不相同，例如，铅锡合金熔丝的熔断电流是额定电流的 1.5 倍；而铜丝熔体则是 2 倍；锌制的熔片是 1.3～2.1 倍。

（5）彩色电视机在开机的瞬间，有 10A 左右的电流通过机内的熔丝，这是自动消磁电路工作所致。不过它的工作时间极短，一般在 1000ms 以内，电视机内的热敏元件便使整机工作电流降低到 2A 以下。如果用普通的 2A 熔丝，开机瞬间出现的大电流就会将其熔断；但若采用 10A 的熔丝，整机在正常工作时则起不到保险作用。为了解决这个矛盾，在彩色电视机中都使用一种专用的延迟型熔丝。这种熔丝能在短暂的瞬间承受比额定值大 5～10 倍的大电流；而在正常工作时却只能通过小于 2A 的电流，起到普通熔丝的作用。所以，一旦彩色电视机上的专用延迟型熔丝被熔断，不能随意换用普通熔丝。

（6）填有石英砂的熔断器熔断管，不能用在高于或低于其额定电压的电网上，而只能用在与其额定电压相同的电网上。充有石英砂的熔断管，当熔体熔断时，电弧在石英砂中的狭沟里燃烧。根据狭缝灭弧原理，电弧与周围填料紧密接触受到冷却而熄灭。它的熄弧能力较强，可在电流未到峰值之前就熄灭电弧，具有限流作用。但它会产生过电压，其过电压的情况与使用地点的电压有关，如果用在低于其额定电压的电网中，过电压可能达到 3.5～4 倍的相电压，将使电网产生电晕，甚至损坏电网中设备；如果用在高于其额定电压的电网中，则熔断器产生的过电压有可能引起电弧重燃，无法再度熄灭，而造成熔断器外壳烧坏；如果用在额定电压相等的电网中，熔断时的过电压仅为 2～2.5 倍电网相电压，比设备的线电压稍高一些，所以不会有危险。

（7）螺旋式熔断器具有断流能力强、体积小、使用方便和安全可靠等优点，被广泛应用在电气设备的主电路、控制电路及照明电路中作短路保护。当它的熔断管内的熔丝熔断后，应更换新的成品备件熔断管。但是有些电工用一根同容量熔丝直接搭在熔断管的两端，如图 1-30 所示，装入瓷帽内继续使用。这种做法是不允许的。

图 1-30 熔断管外搭接熔丝示意图

螺旋式熔断器是按照冷却介质（石英砂）灭弧的方式来设计的（熔丝熔断时产生的电弧在石英砂的间隙中穿过，于是石英砂就吸收电弧发出的高热而使电弧迅速熄灭），它的两端头之间的距离较短。若将一根熔丝直接搭在熔断管外的两端头，就成为依靠空气灭弧了。这样电弧就有熄灭不了的可能，短路电流可能通过电弧继续形成回路，严重的会造成火灾，引起爆炸。因此必须对此有足够的认识和重视，绝对不能随意改动熔断管的工作方式。

（8）瓷插式熔断器结构简单，价格低廉，维护方便，不需要附属设施，可灵活调节使用范围。因此，瓷插式熔断器是一种广泛应用的保护装置。30A 电流等级以上的熔断器在灭弧室中均有石棉布垫减振、隔热和帮助熄弧，如图 1-31 所

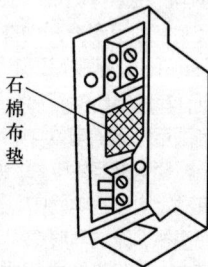

图 1-31 瓷插式熔断器瓷底座示意图

示。瓷插式熔断器一般静触头夹力弹性都较好，装上取下都比较费劲，如无隔热石棉布垫就易碰损；当熔丝熔断时，如无石棉布垫隔热会使瓷质烧损炸裂。故熔断器瓷底座内的石棉布垫不可取出扔掉。

1-31　接地技术学问深，似怪非怪有讲究

💡 **口诀**

> 接地技术学问深，似怪非怪有讲究。
> 农村配电变压器，中性点直接接地；
> 矿井配电变压器，中性点不许接地。
> 三相自耦变压器，中性点必须接地；
> 三相电力变压器，中性点可不接地。
> 机床照明变压器，二次绕组必接地；
> 机床控制变压器，二次绕组不接地。
> 三芯高压电缆线，铅包两端都接地；
> 单芯高压电缆线，铅包只一端接地。
> 高压电流互感器，二次回路应接地；
> 低压电流互感器，二次回路不接地。
> 低压照明三十六，电源一端必接地；
> 安全电压的电路，保持悬浮不接地。(1-31)

🔍 **说明**

　　接地是电气安全技术工作之一。接地是否合理、完善，不仅影响电力系统的正常运行，而且关系到国家财产和人身安全。因此，正确地选择接地方式及安装方法，也是电

工作业的主要内容。在城乡电网改造工程中，电子、电气设备的安装工程中，接地技术是电工技术的重要组成部分。

（1）农村地区具有负荷小而分散、供电距离长、负荷密度低、动力负荷有较强的季节性等特点，所以农村低压电力网宜采用 TT 系统（在低压配电系统中，把配电变压器低压侧中性点直接接地，并且引出中性线 N 实施单、三相混合供电，供电网络内所有电气设备的外露可导电部分作单独的或成组的保护接地。此种接地制式称为 TT 系统）。采用 TT 系统，供电灵活性好，可单相、三相混合供电，从而节省导线；由于中性点直接接地，发生单相接地故障时可以限制电网对地电压的升高；容易实现过流保护措施；整个系统可实施漏电分级保护，即漏电总保护、漏电中级保护、漏电末级保护；用电设备外壳金属部分发生带电故障时，不会延伸到其他用电设备外壳上。

煤矿井下配电系统禁止采用中性点接地。这是为了防止人身触电、火灾及爆炸事故的发生。如图 1-32 所示，配电变压器中性点直接接地，当矿井工作人员不慎触到一相电线时，人身跨接于相电压上。在矿井作业条件差（潮湿、

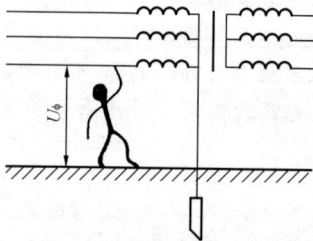

图 1-32　中性点接地，人体触及一相电线

流汗等）的情况下，人身的电阻 $R_人$ 可能只有 1kΩ 左右，所以一旦触电是极其危险的。目前，有许多小煤矿均为 380/220V 供电，当人体触及 220V 相线上时，通过人体的电流 $I = \dfrac{U_\phi}{R_人} = \dfrac{220}{1000} = 0.22$（A）$= 220$（mA）。根据有关资料介绍，通过人体电流达到 10mA 在 1s 内就有死亡的危险，那么这样大的电流（220mA）会使生命很快断送。另外，中性点接地系统中，当任何一相接地或碰壳（即构成单相短路）时，将会产生很大的电流而引起过热，并在接地处还会产生电弧。这在煤矿井下可能造成严重火灾或瓦斯爆炸事故。所以矿井配电系统禁止中性点接地（我国煤矿安全规程中规定：井下应采用矿用变压器，若用普通变压器时，禁止中性点接地）。

（2）三相自耦变压器的高压绕组与中压绕组间除了有磁的联系外，还存在电的联系；所以其中性点必须直接接地，而不能像普通三相电力变压器那样中性点可以不接地（如 3~60kV 的电网沿全线不装设架空地线，因单相接地故障占线路故障的比重很大，如采用中性点不接地，单相接地时故障电流很小，一般故障可自动消除，电网还允许带单相故障运行 2h，以增加供电的可靠性。因此，3~60kV 电网均采用中性点不接地的运行方式）。三相自耦变压器如果中性点不接地运行，一旦高压系统发生单相接地，则中压系统正常相对地电压将会升高到不允许的倍数数值（中压侧出现的过电压倍数与自耦变压器的变比 K 有关：$K=2$，过电压为 2.64 倍；$K=3$，过电压为 3.6 倍）；这个过电压将会对中压系统带来危害。所以为了避免出现上述这种过电压，三相自耦变压器运行时，其中性点必须可靠直接接地。

（3）机床电路中，照明变压器的二次绕组如果不接地，则绕组绝缘损坏时，高、低压绕组就有可能短路接通，触及二次回路时就会造成触电事故。若照明变压器的二次绕组接地，在发生高、低压绕组短路接通故障时，照明变压器的保护熔丝就会熔断，可避免触电事故发生。

采用控制变压器隔离并降压供电的机床电路往往所用的控制电器较多，控制线路的分支又较复杂。如果控制变压器的二次绕组接地，当线路发生接地故障时，就有可能造成某些电器的误动作（如图1-33中a点发生接地故障时，接触器1KM就会误动），这就降低了机床工作的可靠性。所以机床电路中控制变压器的二次绕组不应接地。

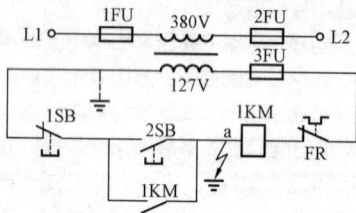

图1-33　控制变压器二次线路发生
接地故障示意图

（4）正常运行中，三芯高压电缆流过三根芯线的电流矢量和为零，在铅包外面基本上没有磁场，这样铅包两端基本上没有感应电压，故铅包两端接地后不会有感应电流流经铅包。因此，三芯高压电缆的铅包（包括金属外皮）允许两端都接地。

单芯高压电缆的芯线通过电流时，必定会有磁力线交链铅包，使铅包两端出现感应电压。此时，如将铅包两端接地，铅包中将会流过很大的环流，其值可达芯线电流的50%以上，造成铅包发热，不仅浪费了大量电能，降低了电缆载流量，而且加速了电缆主绝缘的老化。因此，单芯高压电缆的铅包只允许一端接地（铠装电缆的铅包与钢带必须用软铜线连接后接地）。

（5）为了防止电流互感器一、二次回路的绝缘损坏而使高电压窜到二次回路和外壳，危及仪表和人身的安全，高压电流互感器的二次回路和外壳一定要接地。其二次回路接地的原则是一点接地。对于高压电流互感器的二次电路为一独立回路时，这个独立回路可在电路上任意一点接地，通常采用在二次回路"－"端（K2端）或"＋"端（K1端）接地。如果二次回路上有两点接地，则可能形成分路，或影响二次回路的正常工作。每只高压电流互感器的外壳上都有专用的接地螺栓，可由此对外壳进行接地。

低压电流互感器二次回路是否接地，并无一定要求。因为一次电路不是高电压，而且低压的绝缘裕度又很大，一般不会发生绝缘击穿事故；再则二次回路和仪表的绝缘能承受一次电路的电压，实际运行经验证明：低压电流互感器二次回路可以不接地。这样既可以简化接线，还可以避免一些事故。因为二次回路不接地，可提高二次系统、仪表的对地绝缘和仪表的防雷性能；降低了低压电能表雷击时的放电烧坏事故率，所以在使用中很多低压电流互感器采取了二次回路不接地的方式。由于低压测量仪表和二次回路的绝缘能力能直接承受一次电路的工作电压，仪表的电压线圈又是直接取用一次回路电压，于是在有些测量仪表的接线中，利用了不接地的电流互感器二次线同时给仪表提供电流、电压的方法。这就是如图 1-34 所示的电流、电压共线进表法。在这种情况下，电流互感器二次侧的任一端是绝对不能进行接地的。

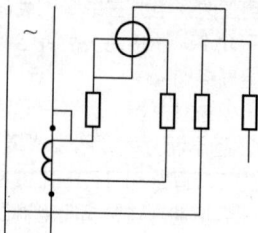

图 1-34 电流、电压共线进表法

（6）作为局部照明用的 36V 电源回路中的灯架、灯头、开关等部位与人的接触较多，为了安全起见，使用时必须一端接地（如降压变压器供电线路为接地系统时，降压变压器一次及二次绕组的一端都应接地）。如果二次侧 36V 碰到了 220V 或 380V 的相线（一、二次侧间短路），由于一端接地，则控制回路中的熔丝烧断，变压器断电，防止了触电事故的发生。如果不接地，则此时变压器二次侧对地电压将为 220V，人体一旦触及就可能发生触电伤亡事故。

国家标准《安全电压》中指出："工作在安全电压（对人体无致残致命的电压称为安全电压。我国确定的安全电压规范是：42、36、24、12V）下的电路，必须与其他电气系统和任何无关的可导电部分实行电气上的隔离。"即安全电压电路不接地。其主要有两个原因：①减少触电机会。一般来说，人体同时触及电路两极的可能性较小，现在运行的安全电压电路均不接地，触碰到电路的一极，就不会造成触电事故。②防止引入高电位。大地或中性线并不是始终保持零电位的。由于线路负荷的严重不平衡或中性线断线等原因，都有可能使这些部位的电位升高到危险电位。因此，为了保障安全电压电路的安全，要求安全电压电路相对独立，保持"悬浮"不接地状态。

第 2 章

操作顺序和经验

2-1 倒闸操作九程序

口诀

倒闸操作九程序：发布接受任务令。
填写倒闸操作票，逐级审票签批准。
核对性模拟操作，发布正式操作令。
现场核票和操作，复查汇报作记录。 (2-1)

说明

正常情况下进行倒闸操作的一般程序如下：

（1）发布和接受任务。在需要进行倒闸操作前，值长应向班长发布操作任务（通常称预令），并讲清操作目的、任务。班长接到操作任务后应重复一遍，将此任务记入操作记录本中。班长确定操作人和监护人，并发布操作任务，同时交代安全事项。

（2）填写操作票。填写操作票的目的是拟定具体操作内容和顺序，防止在操作过程中发生顺序颠倒或漏项。操作人接受任务后，根据操作任务，查对模拟图和实际运行方式，认真逐项填写操作票。并应考虑系统变动后的运行方式与继电保护的运行方式及整定值是否配合等。

（3）审票批准。操作人填好操作票后，先自己审核一遍并签字。然后交监护人、班长、值长逐级审核，审票人发现错误应由操作人重新填写。无误后，分别在操作票上签字批准。

（4）模拟操作，再次核对操作票的正确性（核对性模拟操作）。经班长批准进行模拟操作。此时监护人和操作人在模拟图上按照操作票所列的项目顺序唱票预演，再次对操作票的正确性进行互问互答的核对。

（5）发布正式操作命令。一切准备工作就绪，值长或班长向监护人发布正式操作命令。监护人重复操作命令后，值长或班长认为正确无误时，发出命令："对，执行。"

（6）现场操作。操作人和监护人携带安全用具和钥匙进入现场。操作前，先核对被操作设备的名称、编号，其应与操作票相同。当监护人认为操作人站立位置正确和使用安全用具符合要求时，按操作票的顺序及内容高声唱票，操作人应再次核对设备名称和编号，稍加思考（即三秒思考制），无误后，复诵一遍。监护人确认无误后，下达"对，执行"的命令。此时，操作人方可按照命令进行操作。操作人在操作过程中，监护人还应监视其操作的方法是否正确。当操作人操作完一项时，监护人立即在操作项目左侧做一个记号"√"（即勾票）。然后再继续进行下一项操作。

（7）复查。全部操作完毕，还应复查一遍，着重检查操作过的设备是否正常。

（8）汇报。监护人向发令人汇报按照操作票已经操作完毕，并汇报操作开始和结束时间。然后由操作人在操作票上盖"已执行"令印（章）。

（9）记录。将操作任务及起始终了时间记入操作本中。

2-2 "二点一等再执行"现场倒闸操作法

💡 口诀

二点一等再执行，倒闸操作人程序。

先指点设备铭牌，后指点操作对象。

等监护核对无误，发令执行再操作。 (2-2)

🔍 说明

倒闸操作由值班电工按操作票内容顺序进行。倒闸操作应由两人进行，其中对设备较为熟悉者做监护。操作人和监护人携带操作工具进入现场后，操作前应先核对被操作设备，确认无误后再进行操作，丝毫不可疏忽。为此，要求实行"二点一等再执行"的操作方法。即操作人站立正确位置后，当监护人按操作票的内容和顺序高声唱票时，先指点设备铭牌，后指点操作对象（核对设备名称和编号）；等候监护人核对确认；当监护人确认无误后发出"对，执行"命令后，再进行操作。

倒闸操作时严防带负荷拉合隔离开关。所以每操作一步，应先检查原始状态，再检查操作后状态。应检查表示分合位置的机械指示器、指示灯及表计指示，以证实断路器、隔离开关的正确位置。

2-3 电力变压器控制开关的操作顺序

💡 口诀

变压器控制开关，停送电操作顺序。

停电先拉负荷侧，然后再拉电源侧。

送电操作恰相反，先电源来后负荷。 (2-3)

说 明 🔍

一般电力变压器控制开关停送电操作顺序为：停电时先停负荷侧，后停电源侧；送电时的操作顺序与此相反。这样安排操作顺序主要是从继电保护装置能够正确动作，不至扩大事故来考虑的。

(1) 双绕组升压变压器停电时，应先拉开高压侧断路器，再拉开低压侧断路器，最后拉开两侧的隔离开关。送电时的操作顺序与此相反。

(2) 双绕组降压变压器停电时，应先拉开低压侧断路器，再拉开高压侧断路器，最后拉开两侧的隔离开关。送电时的操作顺序与此相反。

(3) 三绕组升压变压器停电时，应按顺序拉开高、中、低三侧断路器，再拉三侧隔离开关。送电时的操作顺序与此相反。

(4) 三绕组降压变压器停、送电时的操作顺序与三绕组升压变压器相反。

2-4 断路器两侧隔离开关的操作顺序

💡 **口诀**

变电所输电线路，断路器两侧刀闸。

停电时倒闸操作：首先拉开断路器，

再拉线路侧刀闸，后拉母线侧刀闸。

送电时倒闸操作：先合母线侧刀闸，
再合线路侧刀闸，最后闭合断路器。(2-4)

说明 🔍

变电所内，输电线路若需停电时，其倒闸操作顺序是应先拉开断路器，然后拉开线路侧隔离开关（刀闸），最后拉开母线侧隔离开关。送电时的倒闸操作顺序与此相反。即应先合上母线侧隔离开关，再合上线路侧隔离开关，最后合上断路器。停电时先拉开线路隔离开关，送电时先合上母线侧隔离开关，都是为了在发生错误操作时，缩小事故范围，避免人为扩大事故。

(1) 在停电时，可能出现的错误操作情况有：断路器尚未断开电源（如因断路器机构卡死或电动部分失灵造成断路器实际不在分闸位置），先拉隔离开关，造成带负荷拉隔离开关；另一种情况是断路器虽已断开，但当操作隔离开关时，因走错间隔而错拉不应停电的线路。这时如先拉母线侧隔离开关，弧光短路点在断路器内，将造成母线短路。但如果先拉线路侧隔离开关，则弧光短路点在断路器外，断路器保护动作跳闸，能切除故障、缩小了事故范围；造成的后果比先拉母线侧隔离开关要好得多。所以停电时先拉线路侧隔离开关。

(2) 在送电时，如果断路器误在合闸位置，便去合隔离开关。此时，如果先合线路侧隔离开关，后合母线侧隔离开关，等于用母线侧隔离开关带负荷送电；一旦发生弧光短路，便造成母线故障（整条母线停电），人为扩大了事故范围。如果先合母线侧隔离开关，后合线路侧隔离开关，等于用线路侧隔离开关带负荷送电；一旦发生弧光短路，断路器保护动作，可以跳闸，切除故障，缩小了事故范围。所以送电时先合母线侧隔离开关。

2-5 拉合跌落式熔断器时的正确顺序

💡 **口诀**

高压跌落熔断器，拉合时正确顺序。

拉时先断中间相，然后再拉背风相。

最后拉开迎风相，合时顺序恰相反。 (2-5)

🔍 **说明**

正确操作跌落式熔断器的规定是：①操作人员在操作时要穿绝缘靴，戴绝缘手套，使用合格的绝缘棒；②严禁带负荷操作，即在拉合跌落式熔断器前应拉开变压器低压侧的断路器、负荷开关，断开所有负载；③操作时试探往往容易产生较大电弧，所以拉合跌落式熔断器时动作要准确、迅速、果断。拉合时的正确顺序为：拉开时，应先断开中间相，然后再拉背风相，最后拉迎风相；合上时，操作顺序与拉开时恰好相反，先合迎风相，再合背风相，最后合中间相。实践证明：在先拉开一相熔体管时，虽然该相上有高电压，但大多数情况下不会发生较大电弧；再拉开剩下两相中的任何一相时，一般电弧都比较大，这时由于中间相已经拉开，两边相的距离相应较大，再加上被拉相熔体管又在下风侧，所以发生相间弧光短路事故的可能性就大大减小；最后拉迎风相时，电弧就更小了（仅是切断变压器对地电容电流，火花甚微）。而合上时与此相反，先合迎风相，这时由于合上一相变压器高压绕组形不成回路，故不会产生较大电弧；再合背风相时，虽然电弧较大，但由于两边相距较大，加之又在背风侧，所以一般不会发生弧光短路；最后合中间相时，电弧也不会太大。

2-6 拉合单极隔离开关时的正确顺序

口诀

单极隔离开关闸，使用绝缘棒操作。

拉闸先拉中间相，然后再拉两边相。

合闸先合两边相，最后合上中间相。 (2-6)

说明

为了保证操作人员的安全，在操作单极隔离开关时，应使用与线路额定电压相符并经试验合格的绝缘棒，操作人应戴绝缘手套。雨天操作时，为满足绝缘的要求，应使用带有防雨罩的绝缘棒。如果需要进行登杆操作时，操作人员应戴安全帽，系安全带。雷雨时禁止进行倒闸操作。

拉开水平排列装设的单极隔离开关时，应先拉开中间相，再拉其他两边相。若操作时遇有大风，应先拉下风侧的边相，后拉上风侧的边相。因为拉开第二相时要切断电源，产生的电弧大，以免造成弧光短路。送电操作顺序与此相反。对于垂直排列装设的单极隔离开关，停电操作时，一般先拉中间，再拉上面，最后拉下面。送电操作顺序与此相反。

2-7　手动拉合隔离开关时应按照慢快慢过程进行

💡 口诀

隔离开关两操作，手动闭合和拉开。

遵循慢快慢进行，连贯完成三过程。　　　(2-7)

说明 🔍

隔离开关的分、合是经常碰到的一项操作。操作过程虽然简单，但操作是否正确关系到设备和人身的安全。

(1) 手动闭合隔离开关，开始合闸时应缓慢，在操作连杆时应再次核查是否要合的隔离开关，以防误操作，并为合闸用力做好准备。

快的目的是使动、静触头接触好，如果发生带负荷合闸，则有可能因电弧刚产生而隔离开关已合好，从而避免发生事故。注意即使发生误合闸也绝不能在合闸过程中或合闸后再拉开。

当隔离开关将要完全闭合时，为防止合闸用力过度而损坏绝缘子和拉杆绝缘子，要缓慢地进行。

慢、快、慢三动作是在合闸过程中连贯完成的。

(2) 手动拉开隔离开关时，刚开始应缓慢进行，其目的是在操作连杆一动的瞬间，要看清是否要拉开的隔离开关，以防误操作。在切断小容量变压器的空载电流、一定长度架空线路和电缆线路的充电电流以及用隔离开关解环等操作时，均会有小的电弧产生，因此在断定所操作的隔离开关无误后应迅速地将其拉开，以利于灭弧。当隔离开关将要全部拉开时，为防止不必要的冲击造成操作机构或隔离开关支持绝缘子损坏，要缓慢地进行。

2-8　蓄电池充电完毕后的操作程序

💡 **口诀**

> 使用铅酸蓄电池，充电工作经常干。
>
> 蓄电池充电完毕，操作程序要记牢。
>
> 先断充电机电源，后取端头上夹钳。　　(2-8)

🔍 **说明**

在蓄电池使用中，充电是一个重要的工作。新蓄电池和新修复的蓄电池必须进行初充电才能使用，使用中的蓄电池也要进行补充充电。为了保持蓄电池的一定容量和延长其使用寿命，还要定期进行过充电和锻炼充电。

蓄电池充电进行到一定的程度时，电池开始冒气，并逐渐加剧。这是电流对电解液的电解作用而产生出的氢气和氧气。如果室内空气中的氢气达到约4%时，遇到火焰或电火花，就会着火引起爆炸。因此，充电室内要有良好的通风设备，以便及时排出室内的氢、氧两种气体。同时一定要遵守操作规程，先切断充电的电源，然后再取下电池端头上的夹钳，这样就可以避免带电切断电路而产生的电火花，防止空气中的氢气爆炸。

2-9　高处作业站立法

💡 **口诀**

> 高处作业较危险，四面临空要站稳。

杆上作业束腰带，脚扣定位站立法。

脚扣扣身压扣身，同水平线站两脚。

登高板登杆作业，踏板定位站立法。

两脚内侧夹电杆，臀部压靠踏脚板。

梯上作业站立法，梯顶不低于腰部。

一腿跨入梯横档，脚背勾住阶横木。（2-9）

说明 🔍

《电业安全工作规程》中规定，凡在离地面（坠落高度基准面）2m 及以上的地点进行的工作，都应视为高处作业。高处作业者活动面积小，四面临空，作业时受外界的影响大，是一项复杂、危险的作业。

（1）使用脚扣（又叫铁脚）攀登电杆，在杆上作业时，为了保证人体平稳，两只脚扣要在杆上定位，如图 2-1 所示。

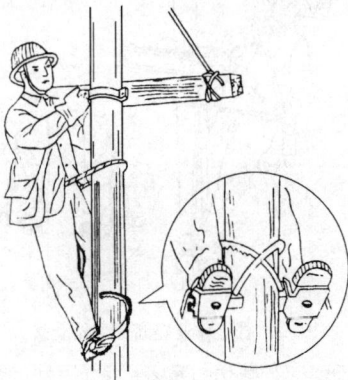

图 2-1　杆上作业时两脚扣定位站立法

操作者在电杆正面，用一只脚扣的扣身压扣在另一只脚扣的扣身上，即两只脚在同一条水平线上。这样做是为了保证杆上作业时人体平稳，双腿同时受力。脚扣扣稳之后，估测好人体与作业点的距离，找好角度，系牢安全带（腰带、保险带应束在腰部下方臀部位置，这样不仅可以长时间工作，而且人的后仰距离也可更大）后进行作业。

（2）使用登高板（又称升降板、三角板、蹬板和踏板）登杆，在杆上作业如图 2-2 所示，登高板定位方法是操作者两只脚内侧夹紧电杆，这样登高板不会左右摆动摇晃。估测好人体与作业点的距离和角度，系牢安全带后进行作业（一般采用另一只登高板钩挂在站稳的登高板上方恰当位置，人套入吊绳中，臀部压靠在踏脚板上）。

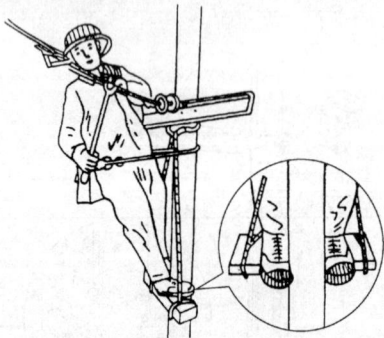

图 2-2　杆上作业登高板上站立法

（3）竹梯（又称直梯和靠梯）靠在电杆、墙壁、吊线上使用时，最主要的是掌握梯子靠在墙上的角度，如图 2-3

所示。靠得太陡容易连人带梯一齐翻倒，靠得太坦人爬上去后竹梯容易滑倒。一般要掌握梯脚与墙之间的距离，最小不能小于梯长的 1/4，最大不能超过梯长的 2/5，即竹梯与地面之间的夹角应在 66°～75°。如超过此尺寸，应另外采取措施。为了避免梯子在坚硬或有油的地面上打滑，梯子放好后可在梯脚外侧加放两块楔形斜铁或木块。人在竹梯上作业，高度超过 3m 或夹角大于 75°时，下面应有人扶持。人登梯子时步子要缓慢，切勿有节奏，以免共振而增大梯子振动幅度。另外，不能站在梯子的最高一层上作业，梯顶一般不应低于人的腰部。在作业时可以用一条腿跨入梯子横档，并用脚背勾住临近梯阶横木，如图 2-4 所示。这样站立可扩大人体作业的活动幅度和保证不致因用力过猛而站立不稳，还允许操作者适当后仰。

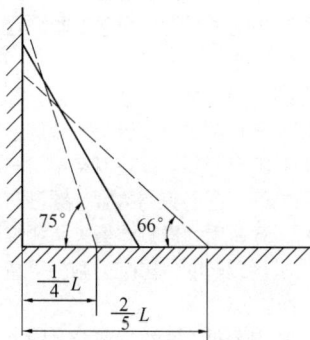

图 2-3　梯子置放角度示意图
L—梯长

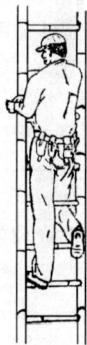

图 2-4　梯上作业
站立姿势

2-10 钢锯锯割金属材料法

💡 口诀

钢锯锯条安装法，锯齿尖端朝前方。

锯条合适松紧度，蝶形螺母手旋紧。

被割金属工器件，夹在台虎钳固定。

右手满握住手柄，左手扶稳锯架头。

起锯角度取适合，来回推拉一直线。

前推锯条全用到，锯条回拉不加压。

锯割速度施压力，金属软硬来决定。(2-10)

🔍 说明

钢锯也称手锯，是一种锯割（用锯条把工件割断）工具，主要由锯架（或锯弓）和锯条组合。钢锯锯割钢管等金属材料的方法如下。

(1) 锯条的安装（见图 2-5）。锯条和锉削一样，都是在刀具向前推进时进行切削工作的，所以锯条安装时，要使锯齿尖端朝正前方；锯条的拉紧程度要控制得当，一般用两个手指拧紧蝶形螺母为好（锯条拉得太紧，锯割时会因极小的倾斜受阻而崩断，同时也会影响锯架头叉和蝶形螺母的使用寿命；锯条太松容易弯曲，影响锯割的平直程度，甚至因扭曲或弯曲而折断）。

(2) 锯割方法。被锯割的金属工器件夹在台虎钳上固定（工器件在台虎钳上应夹在左侧，以免台虎钳碰手）。锯割时，右手满握住锯架手柄，左手扶持把稳锯架头部，使

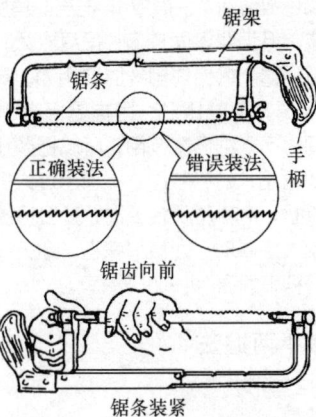

锯架

锯条

手柄

正确装法　错误装法

锯齿向前

锯条装紧

图 2-5　安装锯条示意图

钢锯保持水平，如图 2-6 所示。对工器件进行锯割的开始
工作称为起锯。不论采取近起锯还是远起锯，都要使锯条

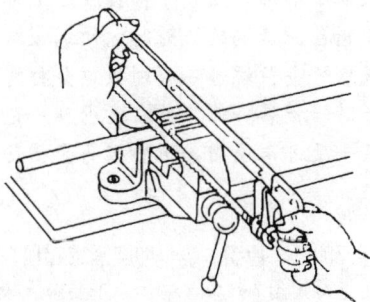

图 2-6　锯割钢管示意图

与被割件的夹角取合适（一般取 15°左右。角度太小，锯条容易滑到旁边，将工件表面拉伤；角度太大，起锯费力），接着来回推拉钢锯。钢锯往前推时要用力，要使锯条全长（2/3 以上参与锯割）都用到，因推锯前进时发生锯割作用。锯条拉回时不发生锯割作用，所以锯条往后拉时不加压力，且稍加抬起，趁势收回，不可用过大的力气，否则锯条很容易折断。锯割硬质金属时，速度应慢些，压力要大些；锯割软质金属时，速度可快些，压力要小些。锯割的速度以每分钟来回锯 20~60 次为宜。

2-11　活扳手两握法

💡 口诀

活扳手旋动螺母，规格选用要适当。
扳动大螺母握法，满手握在手柄上。
手的位置越往后，扳动起来越省力。
扳动小螺母握法，手应握在近头部。
拇指按压着涡轮，随时方便调扳口。
扳唇恰夹住螺母，否则扳口会打滑。
扳时活扳唇一侧，放在靠近身一边。
扳手反过来使用，扳唇极易受损伤。（2-11）

说明 🔍

活扳手又叫活络扳手，是一种旋紧或起松有角螺母的工具。它的结构如图 2-7（a）所示，主要由呆扳唇、活扳唇、涡轮、轴销和手柄等构成。转动涡轮就可以调节扳口

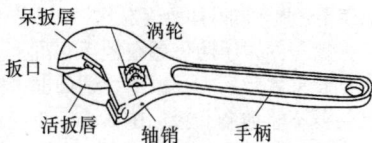

呆扳唇　涡轮
扳口
活扳唇　轴销　手柄

(a)

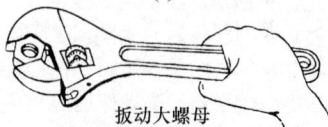

扳动大螺母

扳动小螺母

(b)

(c)

图 2-7　活扳手结构、握法示意图
(a) 活扳手的结构；(b) 活扳手的握法；
(c) 活扳手的扳口调节

的大小。活扳手的规格很多，它以全长和最大开口表示，一般都标在扳手手柄上。电工常用的活扳手有 200、250mm 和 300mm 的三种。使用时要根据螺母的大小，选用适当规格的活扳手。以免扳手过大损伤螺母或螺母过大损伤扳手。使用活扳手的两种握法如下。

在扳动大螺母时，手应该握在扳手手柄上，手的位置越后，扳动起来就越省力；扳动小螺母时，由于所需用的力小，并要不断地调节扳口的大小，手应握在近头部的地方，并用大拇指按压在涡轮上，以便随时调节扳口，如图 2-7（b）所示。在使用活扳手时，扳口的调节应该适当，务必使扳唇正好夹紧螺母，否则扳肘扳口就会打滑，如图 2-7（c）所示。活扳手扳口打滑，既会损伤螺母，又可能碰伤手指；高处作业时还会因此而闪脱跌伤。

在使用活扳手旋紧螺母时，活扳唇侧应放在靠近身体的一边，这样有利于保护涡轮和轴销不受损伤；活扳唇侧向外是错误的，即活扳手不可反过来使用，以免损坏活扳唇，如图 2-8 所示。

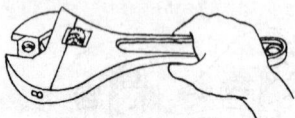

图 2-8　活扳手错误用法示意图

2-12　锤子三挥法

💡 口诀

手握锤子木柄尾，虎口对准铁锤头。

拇指食指始终握，锤击凿錾子瞬间。

中指无名指小指，一个接一个握紧。

挥动手锤时相反，三指反次序放松。

挥锤三法好记名，腕挥肘挥和臂挥。

腕挥只是手腕动，击力最小始尾用。

肘挥前臂带腕动，击力较大应用广。

臂挥整条胳膊动，击力最大较少用。(2-12)

说明

锤子又称手锤或榔头，由铁锤头和木柄两部分组成。它是一种敲打工具，式样和规格很多，电工常用的是0.25、0.5、0.75kg重的圆头锤子。使用中，在需要用力敲打的场合，手应握在木柄尾部（木柄的尾部露出15～30mm），如图2-9所示。锤子的握持方法有技巧：用右手大拇指和中指始终握持住锤子的木柄，虎口对准锤头的方位；击锤时（锤头冲向凿子或錾子的瞬间），中指、无名指、小指一个接一个地握紧锤子的木柄；挥动锤子的时候，以相反的次序放松。此技巧使用熟练后比用全手

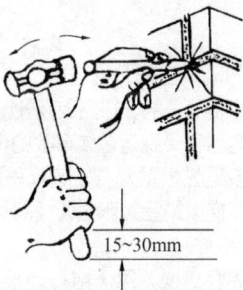

图 2-9　挥锤子凿打砖墙上
木枕孔示意图

握紧锤子木柄更能增加锤头锤击力，而且手部震麻的感觉可减少很多。

挥锤三法：①腕挥——只有手腕的运动，锤击力最小。此法仅用于凿打水泥墙上木枕孔、錾削铁件开始与结尾以及錾油槽等场合。②肘挥——以肘部为支点，前臂带动手腕一起运动，锤击力大。此法应用最广。③臂挥——整条胳膊都一起运动，锤击力最大。此法应用比较小，用于需要大力的工作场合。

2-13 朝天打榫孔方法

> 手工朝天打榫孔，满手反握锤柄梢。
> 圆头靠近肘前臂，上臂身体间夹紧。
> 前臂运动向上甩，带动锤头击墙冲。
> 无需抬头和侧身，锤击力大易施力。(2-13)

电气照明中的明线工程，常在墙、柱、楼板建造好后通过打榫的办法来施工。榫的施工方法比较简单，但由于施工不当，榫和电器具脱落造成事故的现象也屡见不鲜，故不能马虎。一般是先根据需要，选择一定种类和规格的榫（木、竹、塑料榫以及金属胀管），然后打榫孔，并把榫打入。

用墙冲（又称麻线凿，用于凿打混凝土建筑结构中榫孔）和锤子手工打朝天榫孔比较困难。若仍照打水平榫孔的握持墙冲和锤子的方法，则费劲，而且建筑碎屑易掉进眼里。应采用如图2-10所示的方法：右手满把反握锤子木柄梢，锤子圆头侧靠近肘前臂（也称小臂），上臂（大臂）与身体夹紧基本不动，肌肉放松；前臂用力运动向上甩，带动锤头击打墙冲，这样无需抬头和侧身，而且锤击冲力大，用得上力。

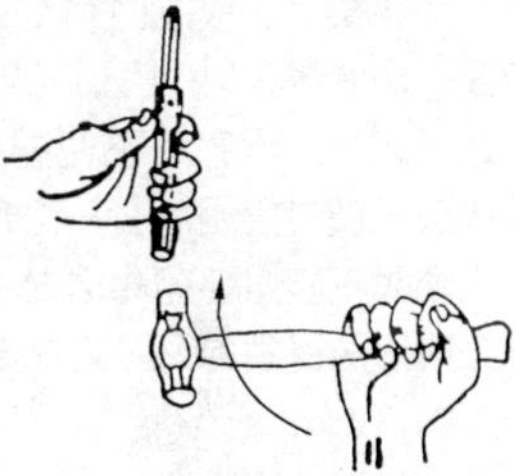

图 2-10　打朝天榫孔的
方法示意图

2-14　线路施工放线法

💡 **口诀**

> 裸绞线线盘放线，沿着线路拉线走。
> 逐挡吊线上电杆，嵌入悬挂滑轮内。
> 整圈护套线不乱，套入双手中捧夹。
> 外圈取头牵拉着，一圈一圈展放线。
> 整圈绝缘线卧妥，取处于内圈线头。
> 站立提拔展放线，有人牵头向前走。(2-14)

🔍 **说明**

　　由导线为主组成的电气线路，是构成电源和负载之间的电流通道。在电力系统中，线路的作用是把电力输送到每个供电和用电环节。安装线路施工时应掌握以下放线方法。

　　(1) 架空线路裸绞线，应通过放线盘来放线，如图 2-11 所示。在放线盘轴孔内穿入轴杠（铁杠），然后将轴杠两端放在放线架上。放线时有专人照管线盘放线，并要保持与拉线人员联系；3～4 人拉线出盘，沿着线路路径向前走，中途还应有人照管，不使导线在地上出现擦伤、死弯等。绞线放出超过挡距后，一边放线一边逐档吊线上杆，并且嵌入临时安装悬挂的滑轮内（不可搁在横担上）。这样，在继续放线时既省力又不磨损导线。

图 2-11　裸绞线线盘架的放线方法

（2）护套线（有塑料、橡皮护套线和铅包线等多种）的放线方法如图 2-12 所示。整圈护套线不能搞乱，不可使线的平面产生小半径的扭曲。在冬天放塑料护套线时尤应注意，放铅包线时更不可产生扭曲，否则无法把线敷设得平服。为了防止平面扭曲，放线时需两人合作，一个人把整圈护套线按图 2-12 所示方法套入双手中捧托着钳持，另一人在外圈取线头向前牵拉，边走边放，边一圈一圈地把线展开（要正放几圈反放几圈，不要使护套线出现死弯）。放出的护套线不可在地上拖拉，以免擦破或弄脏护套层。

（3）明敷和暗设管线线路的橡皮、塑料绝缘导线，对整

图 2-12　护套线的放线方法

圈绝缘线应卧放在垫有防潮布料的地面上，抽取处于内圈的一个线头（切不可抽取处于外圈的一个线头，否则要使整圈导线混乱，且会使导线形成小圈扭结）向上拉出，如图 2-13 所示。此时一人站立在线盘旁提拔线展放，另一个人牵着线头向前走。

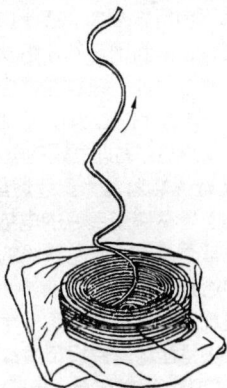

图 2-13　绝缘导线的放线方法

2-15　高压跌落式熔断器熔丝防挣断法

💡 口诀

高压跌落熔断器，熔丝防止挣断法。

标准熔丝选配好，安装之时放松些。

熔丝熔丝管两端，保证良好电接触。

采用适当尼龙线，拉紧熔丝管两端。

尼龙线绳的股线，拉紧操作时不断。(2-15)

🔍 说明

高压跌落式熔断器的作用，是当过载电流或短路电流通过其熔丝（熔体）时，熔丝在高温下熔断，而熔丝管是由其本身结构和安装倾斜度，在熔丝熔断后使动、静触头脱扣后的自重作用下自行跌落，使被保护物与电源明显断开。通常熔丝的安装，是利用熔丝在熔丝管两端的张拉紧固来实现的。若拉紧过度时，往往在推合过程中使熔丝挣断；而张力过松，又可能合不上闸，即使勉强合上，稍受风吹、振动而便自动跌落。对此问题的解决办法如下。

按照规定选配好标准熔丝，安装熔丝时可以放松些，只要保证熔丝和熔丝管两端有良好的电接触即可。这时用尼龙线绳来拉紧熔丝管两端，尼龙线绳的股线以拉紧操作时不挣断为宜。当熔丝因故障电流通过而熔断时，其产生的高温和电弧迅速烧断尼龙线绳，熔丝管便因脱扣失重而跌落。这种解决方法是让熔丝只担负过载或短路的电气保护作用，而让辅助拉索（尼龙线绳）承担机械拉力。

户外高压跌落式熔断器长期受风、雨、雪的侵蚀，细长的熔丝管内潮气排出较慢，熔丝安装在导电辫子线的中间，正好是严重锈蚀的部位，运行数月就会严重锈蚀；又因熔丝的截面仅为辫子线的 1/7～1/6（辫子线截面约为 6mm²），截面积较小又遭到腐蚀就很易折断，如不及时检查更换，就可能造成误断，影响安全供用电。针对上述现象，解决的办法是：在每次更换新熔丝时，在新熔丝上涂一层绝缘清漆以加强防锈性能；并把熔丝下移到锈蚀较轻的部位，如图 2-14 所示。这样就可使熔丝避免遭受严重锈蚀。这种方法不影响过载或短路时熔断，所以对高压跌落式熔断器的熔丝均可采用。

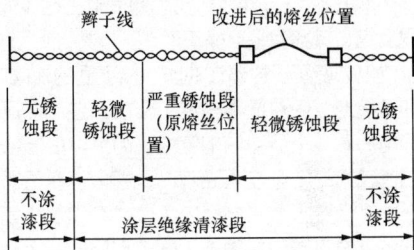

图 2-14　熔丝管中锈蚀程度示意图

2-16　电工操作八大怪

💡 **口诀**

> 电工操作八大怪，似怪非怪情理在。
> 变压器注油放油，都用下面底油阀。
> 配变电压呈现低，分接开关换低挡。

拉掉跌落熔断器，抵住鸭嘴向上捅。

塑壳断路器合闸，有时须再扣操作。

晶闸管整流装置，不接负载无电压。

安装单相电能表，定位螺钉不拧紧。

低压带电作业时，强调一只手操作。

电容器组重合闸，强调须等三分钟。(2-16)

说明 🔍

在电工作业中，有些操作（按照一定的程序和技术要求进行的活动），对于非电工人员和初干电工行业的人来说感到奇异反常，其实似怪非怪情理在。

（1）往电力变压器大量注油时，从下面的油阀门注油，并将进油管接地，使油靠本身压力慢慢地注入。这样就可以避免静电危害，保证注油的安全。如果将变压器油通过油枕，以比较大的流速注入油箱内，就会在变压器油内积聚静电。尤其当变压器油黏度较大或夹杂微量小固体，或在干燥的冬天更容易积聚静电。静电积聚到一定程度，就会发生火花放电，甚至引起火灾。所以一般不宜从上部往变压器中注油，但从上部补油是可以的。

（2）电力网络的电压是随运行方式和负载的大小变化而变化的。电压过高或过低，都会直接影响变压器的正常运行、用电设备的功率以及使用寿命。为了使变压器能够有一个额定的输出电压，大多数是通过改变变压器一次绕组分接抽头的位置实现调压的（改变了变压器一次绕组的匝数，二次电压也相应改变了，从而达到了调节电压的目的）。一般情况下，中小型容量配电变压器，为调整二次电压，常在每相高压绕组末段的相应位置留有三个（有的是五个）抽头，并将这些抽头接到一个开关上，这个开关就叫作分接开关，如图 2-15 所示。变压器一次绕组的三个分接抽头，中间一个对应于额定电压，其余两个则和额定电压相差±5％。这些抽头标志为 X1、X2、X3；Y1、Y2、Y3；Z1、Z2、Z3。它们分别是高压绕组额定电压时匝数的 105％、100％、95％。抽头与分接开关的相互绝缘的静触头连接起来，动触片是由铜片或其他良导体制成，有三个突出部分，互成 120°。转动动触片把三个不同相的相应静触头短接，这样就能改变变压器一次绕组的匝数，二次电压也相应改变，从而达到了调整电压的目的。

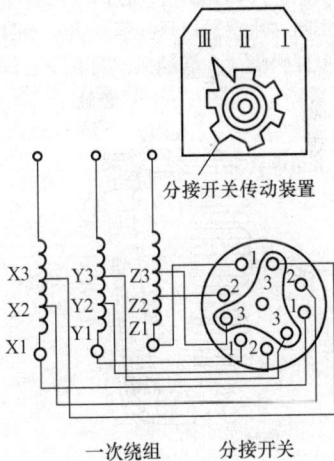

图 2-15　分接开关原理示意图

调整电压时，分接开关的位置应视电网电压而定。当电网电压（例 10kV 线路）低于额定电压（10kV），接近 9500V 时，将分接开关放在"Ⅲ"的挡位（低挡）上。这时变压器一次绕组匝数为额定时的 95%，所以变压器二次侧电压就接近达到额定电压 380V 了。相反，当电网电压高于额定电压，接近 10.5kV 时，应将分接开关放在"Ⅰ"的挡位（高挡）上，这时变压器二次侧电压才能为额定电压 380V，此乃外人看电工操作一怪：变压器低压侧电压已偏低，调整电压时却将分接开关调节到低挡"Ⅲ"的位置（95%）。

（3）跌落式熔断器的构造如图 2-16 所示。其主要由瓷绝缘子、熔丝管和触头几部分组成。触头分上下动、静触头，上静触头俗称为鸭嘴。拉合跌落式熔断器时动作要准确、迅速、果断，特别是拉开跌落式熔断器时，是用绝缘棒顶端横钩抵住鸭嘴（上静触头）向上轻轻一捅，熔丝管

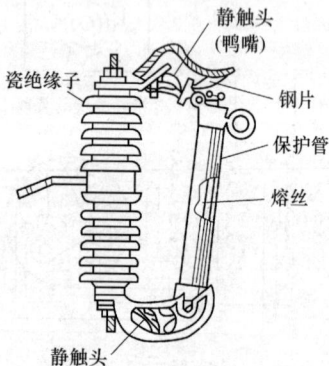

图 2-16　跌落式熔断器的构造

就跌落下来。切记不是将绝缘棒顶端横钩伸入熔丝管上端铁环中用力向下拉，其结果是拉得横担晃动，熔丝管也不会跌落下来。此乃电工操作中一怪：拉掉跌落熔断器，抵住鸭嘴向上捅。

（4）具有脱扣器的塑壳低压熔断器的分断，有两种情况：一种是人为操作手柄分断；另一种是在运动中因电路故障而进行保护性分断。这两种分断，根据手柄所处位置往往不易明确地分辨出来。由于后一种分断会使合闸操作机构与触头系统之间的机械联锁脱扣，因此在电路故障排除后欲重新合闸前，必须将操作手柄往下扳，使其"再扣"。否则，塑壳断路器就合不上闸。

（5）如图 2-17 所示，晶闸管整流装置输出端开路不接负载时，没有直流电压输出。晶闸管控制极触发电压正常时，如果不接负载或负载很大，晶闸管阳、阴极之间没有维持电流通过，晶闸管就不能被触发导通；只有当晶闸管阳、阴极之间构成闭合回路，且回路中的电流大于维持电流时，晶闸管在触发电压作用下，阳极才导通，有直流电压输出。

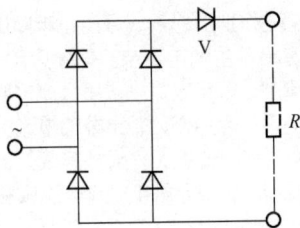

图 2-17　晶闸管整流装置示意图

(6) 家用单相电能表应安装在干燥和不受振动的地方，要装得正。最忌湿、热、雾、烟及有害气体。此外，为了使抄表员读数方便应装在明亮的地方，并注意适当的安装高度。电能表装置在平整和涂有防潮漆的木板上，如图 2-18 所示。固定时起悬挂作用的上螺钉应拧紧，而下面两只螺钉起定位作用，不能拧紧。否则，木板稍有不平整时，电能表的底壳可能引起变形，使铝盘不能灵活地转动。

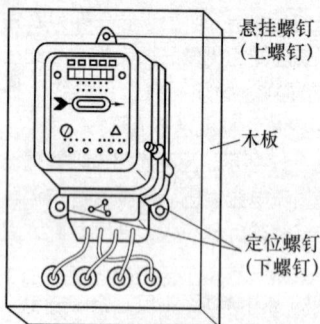

悬挂螺钉
(上螺钉)

木板

定位螺钉
(下螺钉)

图 2-18　装置电能表示意图

(7) 电工带电作业时应养成只用右手操作的习惯。低压带电作业时，易发生触电事故。如果只用一只手操作，即使发生触电事故，触电电流一般不会流经心脏，故不会造成很快死亡。两只手操作，如果触电电流由一只手流到另一只手，电流必经过心脏，会很快造成死亡。再据医生考证，用右手操作时，一旦触电，其电流只在心脏边缘穿过，危险性要小得多。

(8) 电力电容器组每次重合闸，必须在电容器组断开了 3min 后再进行。电力电容器和电力系统解列后，电容器便成了一个单独的电源。这个电源是静电电荷，不能和系统并列。电力电容器每拉合一次，在每极间便产生较高的电压；当拉开后马上再合上，就可能产生电压的重叠，会使电力电容器击穿。也就是说电容器组切除后还带有残余电荷时，不能将电容器组再投入电网。这是为了避免投入电容器组时，如果断路器合闸瞬间的电压极性与电容器上残余电荷的极性正好相反而会引起电容器爆炸事故；同时也会造成很大的冲击电流，有时会使熔丝熔断或断路器跳闸。因此，要求电容器组每次拉闸后，必须随即进行放电，待电荷消失后再行合闸。一般电容器经放电电阻放电 1min 左右即可满足要求。规程规定 3min 后再进行合闸，以确保安全。

2-17 得不偿失九做法

💡 口诀

捡了芝麻丢西瓜，得不偿失九做法。
跌落熔断器熔丝，使用铜铝线代替。
油开关外壳接地，借用配变中性线。
水泥电杆中钢筋，兼作接地引下线。
架设低压架空线，不装拉线绝缘子。
水泥石灰粉层墙，直接埋置塑料线。
同台直流电动机，装不同牌号电刷。
自耦调压变压器，两极插头接电源。
交流电焊接设备，接线螺钉铁垫圈。

家电保安接地线，引接避雷针接地。(2-17)

(1) 高压跌落式熔断器内纽扣熔丝一般用铜和银等材料制成，其均采用人为的方法（冶金效应）使熔丝的熔点降低，即在熔丝中部温度最高的部位焊上一个小锡球。当熔丝加热到锡的熔点（232℃）时，小球珠光熔化，使熔丝中断，中断点所形成的电弧使熔丝朝两边熔化。从而保护了线路或电气设备不受过大电流的发热损坏。如果采用自己选制的铜铝线作熔丝，一是熔点高（铜：1083℃；铝：660℃），又未采用任何方法和措施使铜铝线的熔点降低；二是不知道选用的铜铝线熔丝的熔断特性。所以，铜铝线是不能代替高压跌落式熔断器内的熔丝的。另外，自己选制的铜铝线熔丝，即使经过计算或实践试验，碰巧其额定电流、熔断电流与额定电流的倍数等，均近似与纽扣熔丝相等，也不能使用。因为铜铝线做的熔丝截面积比导线小，电阻比较高，散热面积较小，运行时铜铝线熔丝温升太高，表面氧化而缩小了其截面积，使容量减小，在不应当熔断的时候熔断（同时伴随烧坏整个熔断器），增加运行中的麻烦。简言之，自己选制的铜铝线熔丝，既不知其反时限保护特性，也无法谈其具有选择性（不能起熔丝作用），故铜铝线不能作为高压跌落式熔断器内的熔丝。

(2) 配电变压器的中性线绝对不可作油断路器金属贮油箱外壳的接地线。这是因为变压器的中性线当三相不平衡时会有电流流过，因而有对地电压产生。油断路器的外壳接地主要目的在于保护人身安全，如有对地电压存在是非常不安全的，尤其是当变压器发生短路或断线时，中性线上的对地电压就更大。油断路器的外壳必须就地直接接地，且其接地电阻必须小于10Ω。

（3）预应力钢筋水泥电杆中的钢筋不能兼作接地引下线。因为预应力钢筋预先受到拉伸处理，钢筋内部的晶体排列发生了变化，使之能承受比一般钢筋较大的应力。如果兼作接地引下线，当发生雷击时，雷电流大量流过钢筋，钢筋发热会使内部结构又起变化而减小钢筋的强度。

（4）DL/T 499—2001 中明确规定："穿越或接近导线的拉线必须装设与线路电压等级相同的拉线绝缘子。拉线绝缘子应装于最低导线以下，高于地面 3m 以上。"这条规定是完全正确的。但在实际工作与生活中，因低压架空线路未装绝缘子或因绝缘子安装不符合规程要求而使拉线带电，造成人身触电事故时有发生。

有些地方只考虑降低线路造价而忽视了安全。不仅拉线未装绝缘子，而且还把拉线和固定横担撑铁用同一个包箍。这样把撑铁、横担和拉线三者连在一起，一旦导线落担或绝缘子破裂击穿，都会造成拉线带电。另外，拉线不装绝缘子，当拉线下部锈蚀断落而溜回靠近电杆，此时上部与导线相碰即带电；导线的过引线风偏后碰及拉线，也会使拉线带电。

（5）不允许将塑料绝缘导线直接埋置在水泥或石灰粉层内作暗线敷设。因为塑料绝缘导线使用日久后会发生老化龟裂，使绝缘水平大大降低。当线路发生短时过载或短路时，更会加速绝缘损坏。如果将塑料绝缘导线作暗线直接埋置在水泥或石灰粉层内，一旦粉层受潮就会引起大面积漏电，危及人身安全。此外，直接埋置也不利于线路的检修和保养。

(6) 同一台直流电动机不准同时使用不同牌号的电刷。一台直流电动机如果同时使用不同牌号的电刷，则由于电刷的硬度不同，造成磨损的程度不一，从而不能保证电刷在整流子上有相同的接触情况；同时不同牌号的电刷导电能力不同，即使接触情况相同，电阻也不同。这些都会造成电流分配不均匀。电流不平衡，又会使直流电动机换向困难。

(7) 自耦调压变压器是工矿设备维修和电子仪表、器具检验常用的调节交流电压的供电设备。自耦调压器的正确接线如图 2-19 所示。调压器应通过电源插头接地，也不宜使用两极插头。因普通两极插头无法固定"相、中"接线。当接线柱①是相线时，在调压器手柄位于 0V 处，③、④两个端子与相线直通，将会造成输出不应有的带电。在这种接线情况下，如将输出两端间的电压调为 36V，就会错认为是安全电压，从而造成触电或电击损坏电器。单相三极插头和插座上都标有"相、中、地"的标志，插座与插头有统一的接线，这种接线情况下就较安全了。

(8) 交流焊接设备的接线螺钉通过电流时，在其周围

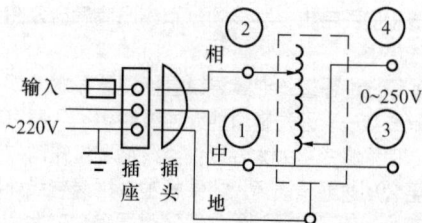

图 2-19 自耦调压器的正确接线

存在交变磁场。如果在接线螺钉上套上铁垫圈，由于铁既是导磁体又是导电体，磁力线就会被引向铁垫圈，从而在铁垫圈上产生涡流而发热，烧坏线头。铜垫圈不导磁，就不会像铁垫圈那样产生很大涡流和发热。所以只能用铜垫圈，不能用铁垫圈。

(9) 绝对不允许在避雷针的接地引下线上并联一根导线引入住宅作为家用电器的保安接地线。虽然避雷针与大地的接触电阻只有几欧，但当雷云对避雷针放电时，瞬时泄放电流可达几千安或几万安。如此强大的电流流入大地，就会使避雷针及其接地系统呈现很高的瞬时电压。这个电压通过引接线作用在家用电器的外壳上，起到了引雷入室的作用，其后果是机毁人亡。

2-18　画蛇添足九误区

💡 **口诀**

> 弄巧成拙做蠢事，画蛇添足九误区。
> 防雷装置引下线，套入钢管加保护。
> 单芯高压电缆线，铅包两端都接地。
> 矿井供电总开关，自动重合闸装置。
> 三相四线制线路，中性线装熔断器。
> 新电动机要使用，更换轴承润滑油。
> 银基合金银触头，刮掉黑色氧化物。
> 接触器铁心极面，防锈涂抹一层油。
> 机床工作台照明，改造换成日光灯。
> 新式彩色电视机，装设接地保护线。(2-18)

说明 🔍

（1）有很多建筑物，特别是目前一些新建高楼的避雷针接地引下线在入地端往往都套有一人高的镀锌钢管或铁管加以保护，实际上是有害而无益的。

雷电流是一种波头陡度很大的高频电流。当其流过套有钢管的一段接地引下线时，高频雷电流产生的磁场在钢管中会引起涡流，而涡流所产生的反磁通会抵抗雷电流磁场的变化；这就增加了雷电流通路中的电感，人为地增大了接地装置的冲击阻抗，不利于雷电流的尽快泄放，且会使接地装置产生较高电压，危及周围人、物的安全。

（2）三芯高压电缆两端要接地，而单芯电缆的两端不能接地。正常运行中三芯高压电缆流过三条芯线的电流总和为零，在铅包外面基本上没有磁场，这样铅包两端基本上没有感应电压，故铅包两端接地后不会有感应电流流经铅包。而单芯电缆的芯线通过电流时，必定会有磁力线铰链铅包，使铅包两端出现感应电压。此时如将铅包两端接地，铅包中将会流过很大的环流，其值可达芯线电流的50%以上，造成铅包发热。不仅浪费了大量电能，降低了电缆载流量，而且加速了电缆主绝缘的老化。因此，单芯高压电缆两端不能接地。

（3）自动重合闸装置是当馈电线路发生暂时性故障引起跳闸后不进行判定故障立即自动重合闸，如确实是瞬时故障就可重合成功，减少停电事故。但煤矿井下使用的均为电缆，一般很少发生瞬时性故障；同时煤矿井下最重要的是避免电气火花，如装置自动重合闸装置，一旦电缆发生故障引起跳闸，很快自动重合闸动作，再一次向故障部位送电，这样会再一次造成电火花，致使故障扩大，甚至有可能造成瓦斯爆炸的严重事故。因此，向井下供电的开关是禁止使用自动重合闸的。

（4）单相线路的中性线（零线）和相线上都有熔断器。一是线路检修后，即使相线与中性线调换，仍都有熔断器保护；二是熔断器是个明显断开点，可保证检修时的人身安全；三是便于寻找故障。故单相线路的中性线上装设熔断器是正确的。

有单相负荷的低压三相四线制供电线路的中性线上，如果装有熔断器，一旦熔断器的熔丝熔断，就会造成与中性点断开，会使三个相电压按三相负荷的不平衡情况而有的升高有的降低。相电压升高的那相会烧毁接于该相上的用电设备，造成损失，影响安全供电。所以，三相四线制供电线路的中性线上不允许装置熔断器。

（5）有些电工认为电动机出厂时轴承室中加的是保护性黄油（润滑脂），不是运行时用的润滑脂。因此，新电动机投入使用前都得拆开清洗轴承，重新加注润滑油。其实这种做法是多余的。电动机出厂时，轴承室内的润滑脂是根据电动机不同的运行温度和工作环境选用的，不需要清洗换油。而拆开换上去的润滑脂如果耐温过高，要增加电能损耗；过低容易流失。因此，使用新电动机时更换润滑脂是既浪费人力、物力，又有可能产生不良后果的错误做法，是不可沿用的做法。

（6）低压开关电器中用银或银基合金触头（常见小容量接触器的触头），在使用过程中会氧化或硫化而表面发黑（黑色薄膜）。这层黑色氧化膜的接触电阻很低，基本上不会造成接触不良，相反它却能起保护触头的作用（氧化银或硫化银的导电性能良好，且在电弧的作用下还能还原成银）。若用锉刀锉或磨的方法去掉它，反而会造成不必要的触头磨损；而且触头表面轻微的烧毛凹凸不平并不影响触头的良好接触。如果过于锉磨光滑平整，实际接触点既小又少，反而会造成电流集中而发热。故银触头表面的黑色物质不要刮掉和锉磨平。

（7）接触器铁心和衔铁在出厂时都是经过精心研磨加工的，表面十分平整光滑。为了防止接触器铁心生锈，在铁心表面涂抹上一层油脂，当接触器铁心吸合时，吸合面之间的空气很容易被油脂全部挤出去而产生吸附现象，每平方厘米约产生 9.8N 吸引力，使接触器线圈断电后衔铁不能及时复位而发生事故。因此，为防止接触器铁心产生此种衔铁不能释放的现象，必须把铁心吸合面上的油脂擦拭干净（运行中的接触器要经常清除灰尘和油垢）。

（8）金属切削机床的工作台照明，采用白炽灯而不用日光灯。白炽灯属于热辐射电光源，由于热惯性，灯丝温度来不及随着交流电的频率变化而变化，故白炽灯的光线明暗变化不太显著。而日光灯属于气体放电光源，灯管的光线明暗程度与电子的发射有密切关系，当交流电过零点时，电极就停止发射电子，故日光灯的明暗变化比较显著。

工件在机床上加工时是旋转物体，若其转速恰是或接近灯光明暗变化频率的整数倍时，人的视觉会产生旋转物体不转或转得缓慢的错觉。这就是交流电光源的频闪效应，车工操作可能发生事故。这是机床工作台照明采用白炽灯而不用日光灯的基本原因。所以，电工在维修机床工作灯时，千万不能随意更换成日光灯。

(9) 不少人购买电视机后，特别是彩色电视机，愿意接上接地保护线，以防止万一出现漏电发生触电事故。但是，新式的、进口的彩色电视机千万不要接地线，接上地线反而会有危险。新式的彩色电视机采用开关电源的供电系统电路。这种电路具有省电、自重轻、简单等特点。用开关电源的彩电机芯都是悬浮接地的，即在交流电源输入端，不用与220V交流电网相隔离的电源变压器，而是直接送入机内整流后供电。由于机内的地线悬浮于大地，所以就不能再装接地线。否则一旦电源插头接反（地线接在电源的相线上），地线就会带电，人体触及时造成触电事故；同时，机内还会产生感应高压电而烧坏集成电路和其他元件。凡悬浮接地机器的各种功能开关、天线插口、旋钮，人体所能触及的螺钉等导电体与电源部分均有可靠的绝缘措施，尽可放心使用。

2-19 母线连接处过热的处理方法

🖋 **口诀**

母线连接处过热，迅速转移其负荷。
电风扇强制冷却，应尽快安排检修。
拆开母线排接头，接触处涂导电膏。
非接触部分刷漆，以提高散热系数。
对接螺栓旋紧时，松紧程度要适当。
如果更换新母排，搭接长度达要求。
接触面上宜搪锡，麻面处理也可以。(2-19)

母线连接处过热的原因：①母线排接触表面工艺处理不好，接触不良；②对接标准件镀锌螺栓拧得过紧或过松。母线排连接处的长期允许工作温度为：裸铝为70℃；裸铜为85℃。在运行中应监视母线排接触处的温度，常采用贴示温蜡片（熔化温度有60、70、80℃三种）。一旦发现示温蜡片开始熔化应引起警惕，迅速转移负荷，用电风扇对准接触处进行强制冷却，并应尽快安排检修处理。

检修时，无论拆开处理或更换新母线排，为防止接触处电化腐蚀和降低接头的接触电阻，应在母线排接触处涂敷导电膏。其非接触部分应涂刷漆，以提高散热系数，降低本体温升。选用适当大小的螺栓、平垫圈（采用放大垫圈可以克服薄垫圈因变形而引起的压力集中的现象，使接触压力的大小比较均匀）、弹簧垫圈，在旋紧母线排对接螺栓时，其松紧程度要适当。一般在安装时先用较大的力将螺栓拧紧，然后放松，再将螺栓拧紧到弹簧垫圈压平，保持一个适当的压力即可（有条件的话，用0.05×10mm的塞尺检查或用力矩扳手进行扭矩试验）。经过一段时期运行后，再进行一次松紧程度和接触面情况的复查（母线排接头用螺栓连接时，接触压力大，母线接触很紧密，接触电阻就小，但拧紧螺栓的压力并非越大越好。因为压力过大将导致连接板变形，而使连接板之间的接触面减小，接触电阻增大，投入运行后接头发热。又因钢螺栓与铝或铜的热膨胀系数不同，运行时将进一步在母线排上形成凹痕。当通电电流降低或气温下降后，在螺栓与母线之间出现间隙，造成接触电阻进一步增大。如此恶性循环，将使接触处氧化、烧损）。如果更换新母线排，搭接长度应按要求实施，其接触面加工要平坦而略粗糙（麻面处理）、宜搪锡。

2-20　大电流接触器触头发热的处理办法

> 连接铜辫动触头，先用螺栓来压紧；
> 再使黄铜焊条焊，气焊焊接三个面；
> 焊好螺栓要去掉，锉刀修很有必要；
> 触头若有烧伤点，银合金焊条可补。(2-20)

🔍 说明

在生产实践中，经常发生大中型设备上配套的大电流接触器动触头过热现象。有时即使一台新的接触器，也运行不到半年就烧坏了动触头与铜辫连接处的胶木架。其发热多数情况是由于大电流接触器的动触头做成插入式，如图 2-20 所示。带口部分与铜辫叠在一起用螺栓固定在胶木架上。由于豁口存在，减少了与铜辫及胶木架之间的接触面积，在吸合时触头受到冲击，次数一多，螺栓处就容易松动。触头一松动，接触电阻就增大，造成触头发热，再使铜辫上的搪锡受热流出，加剧发热，形成恶性循环，直至把动触头烧红，最终烧焦胶木架，铜辫也受到损伤。

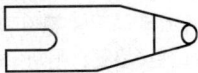

图 2-20　插入式动触头

解决此类大电流接触器动触头发热的关键在于使动触头与铜辫连接紧密，使之不再松动。最有效的防治办法是用气焊把动触头和铜辫焊在一块。具体操作方法是：先把

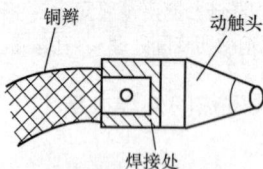

图 2-21 触头和铜辫焊一块

动触头和铜辫用螺栓压紧，然后再用黄铜焊条分三个面焊接，如图 2-21 所示；焊接好后去掉螺栓，用锉刀修整。如果触头有烧伤的麻点，可用银合金焊条进行修补；没有麻点的旧触头最好也用银合金焊条薄薄地挂上一层，然后用细砂布打磨光滑。经过上述办法处理，大电流接触器动触头就不会发热了。此法对延长接触器的使用寿命有显著效果，也保证了配套设备的安全运行。除此之外，防治大电流接触器触头发热的方法如下。

（1）铜辫和动触头接触处用 60%锡、40%铅混合物搪头，搪头长度比触头与胶木架叠固处稍短一点，可避免过长铜辫变硬而引起折断。

（2）触头与铜辫接触处涂上一层导电膏。在确保吸合动作不碰触灭弧盖的前提下，尽可能换上长一些的螺杆，去掉弹簧垫圈，用两个螺帽固定触头，以防弹簧垫圈受热退火而失去弹性，起不到紧固作用。

（3）胶木架与铜辫交接处放两层无碱石棉白纱带，万一发热也不会烧坏胶木架。

2-21 电动机直观接线法

💡 **口诀**

单路绕组电动机，宜用直观接线法。

定子嵌好极相组，六个分成一群剖。

分开首尾出线头，隔两一对头连接。

先接同群三对头，后连群间三对头。

剩余相邻六线头，相隔成为相尾首。(2-21)

说明 🔍

直观接线法很适用于单路绕组电动机，既方便又不易接错。如图2-22所示，把嵌好的三相异步电动机定子的极相组（每一相在一个磁极下的线圈串联成的线圈组）六个分成一群。将各级相组的首端和尾端分开，在这些首端和尾端中，隔两个出线头把一对出线头连接起来；先接同群的三对线头，然后再接群间的三对线头（六个线圈组的两极电动机只有群内连接）；余下六个相邻的出线头成为相的首端和尾端。例如1、5、3分别为U、V、W相的首端；4、2、6分别为

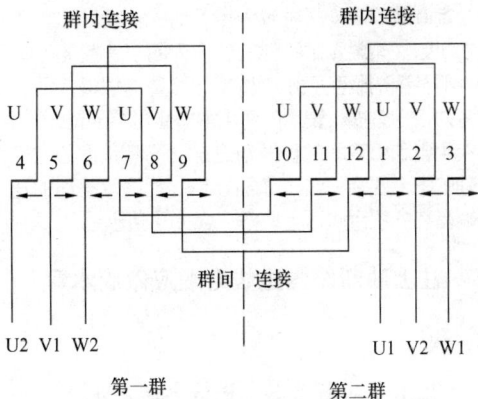

图 2-22　直观接线法示意图

U、V、W相的尾端。再按星形或三角形连接。

2-22 更换农用电动机轴承应内紧外松点

💡 口诀

农用电动机轴承，内紧外松更换法。

过盈配合内圈轴，过渡配合外圈孔。(2-22)

说明 🔍

滚珠轴承局部磨损是农用电动机的主要机械故障。不少电工在更换轴承时，为了防止轴承与转轴及端盖孔工作时打滑（俗称轴承转套），往往习惯于将轴承的内外圈一律采用相同的过盈配合，其实这样处理是不恰当的。因为农用电动机上的滚珠轴承局部磨损，是由于农用电动机所带负荷为定向载荷，从而导致固定不动的轴承外圈局部长时间受力所致。如果固定不动的轴承外圈与端盖孔的配合松一些，那么该轴承在工作中就能作微量的缓慢转动，局部磨损变为均匀磨损，轴承的使用寿命便可得到延长。因此，更换农用电动机轴承的正确方法是：工作时转动的轴承内圈与轴的配合要紧一些（过盈配合），而固定不动的轴承外圈与端盖孔的配合应适当地松一点（过渡配合）。

2-23 柱上油断路器进线电缆应做滴水弯

💡 口诀

柱上多油断路器，进线电缆滴水弯。

电缆弯悬下垂弧，弧底切皮开个口。(2-23)

户外柱上多油断路器（俗称柱上油开关，如 DW10-10 型）进线电缆要弯成 U 形，并且在 U 形底部要切掉一段绝缘防护层。柱上多油断路器，因外接导线比断路器高，如进线电缆不弯成底部开口的 U 形，就可能在下雨时使雨水经电缆接头处的裸露接线头，沿导线流入油断路器内，使起绝缘和灭弧介质作用的变压器油绝缘强度大大降低，引起断路器内绝缘损坏，甚至发生爆炸事故。在进线电缆弯成 U 形并开口后，雨水可通过下垂部分往下滴，故下垂弧形称为滴水弯。U 形底部开口：一是阻止雨水往前再滑动而往下滴，可避免雨水浸入断路器箱内；二是绝缘层与导线间空隙的水滴，可在开口处流出，不致通过虹吸作用流入断路器箱内。

2-24 电气设备平板接头连接时正确拧紧螺栓法

💡 口诀

电气接头接触面，压力越大非越好。

平板接头紧螺栓，应用定力矩扳手。

倘若使用活扳手，正确旋紧螺母法。

先用较大力旋紧，然后将螺母起松。

用力再旋紧螺母，紧至弹簧垫压平。(2-24)

说 明 🔍

电气设备的平板接头（铝或铜母线）连接时，拧紧螺栓的压力并非越大越好。因压力过大将导致连接板变形，而使连接板之间的接触面减小，接触电阻增大，投入运行后接头发热；又因钢螺栓（包括铁垫片）与铝（或铜），热膨胀系数不同，运行时将进一步在母线上形成凹痕。当通电电流降低或气温下降后，在螺栓与母线之间出现缝隙，压力减弱，造成接触电阻进一步增大。如此恶性循环，将使接触处氧化、烧损。要防止过度的旋紧压力，可以在拧紧螺栓时选用定力矩扳手。倘若使用活扳手（普通扳手），正确的做法是：在安装时先用较大的力将螺母拧紧，然后放松；再将放松螺母拧到弹簧垫圈压平，保持一个适当的压力即可。

2-25 桥式起重机操作中四不宜

💡 **口诀**

> 门式桥式起重机，操作注意四不宜。
> 换挡中途的停留，时间不宜太长久。
> 下降较重负载时，转子不宜串电阻。
> 若遇制动器不灵，不宜打反挡制动。
> 大车带负载行驶，不宜长时间偏重。(2-25)

说明 🔍

　　大中型工矿企业里，桥式起重机在操作过程中，常因操作不当而造成设备损坏或发生事故，这就促使了人们对其操作技术进行研究和探索。为此根据桥式起重机操作人员的经验和众多事故教训分析，得出桥式起重机操作中四不宜。

（1）换挡操作过程中，中途停留时间不宜过长。桥式起重机上的电动机都是绕线型异步电动机，由转子串电阻调速。电动机转子串联不同电阻后的机械特性曲线如图 2-23 所示。电阻 $r_2'' > r_2' > r_0$，三条曲线分别代表主令控制器处于第 1、2、3 挡的情况。T_L 为负载转矩。当电动机刚启动在第一挡行驶时，运行在曲线 r_2'' 上，转速迅速上升（即转差率减小到 s_1），并获得最大转矩 T_{max}，电动机转差率向 s_2 过渡，此时电动机的转矩迅速地减小到低于负载转矩，如曲线 a 点上。如果此时不立即换到第二挡运行，即换到特性曲线 r_2' 上运行，则电动机会因出力不够而电流过大，只有立即换到曲线 r_2' 上，才能使电动机继续获得最大转矩，并继续升速。因电动机在启动过程中，启动电流远大于额定电流，并且运行在不稳定区，只有换挡到 r_0 曲线上，达到额定转差率 s_E，电动机才能进入稳定区运行。所以换挡时，也就是电动机启动时，中途停留

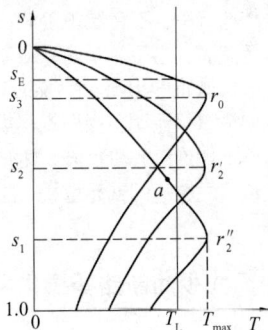

图 2-23　电动机转子串联不同
电阻后的机械特性曲线

时间不宜过长。

（2）下降较重负载时，转子不宜串电阻。在下降较重负载时，由于负载的位能力矩带动电动机旋转，使电动机转速超过同步转速。此时转差率为负，但转向仍为正，产生的电磁转矩为负，与转向相反，进入发电制动状态。这时如果在转子中串入电阻，反而使速度增加，造成飞车降落，容易发生事故。所以下降较重负载时，主令控制器的手柄可从零位直接推到下降 3 挡，以实现发电制动下降。

（3）制动器不灵常相遇，不宜用反挡代替制动。在制动器不灵时，桥式起重机操作人员就从第三挡飞快地操作到反挡 2 或反挡 3。这样不但使电动机遭到很大的反向电动力的冲击，而且使传动的机械部分受到不同程度的损坏。故即使在制动器失灵情况下，也只能打向一挡，使机械部分慢速换向。

（4）连续生产的行车，不宜偏重受载行驶。桥式起重机的大车带负载行驶时，由于大车两驱动电动机的转子串入相同的电阻，故机械特性相同。有的操作人员因起重物在双梁边上，既怕费事又无明文操作规程规定，有时就让桥式起重机的大车长期连续偏重行驶，使偏重端的电动机电流过大。特别是跨度长的门式起重机，应使之避免偏重行驶。

2-26　检修户内式少油断路器操作中四不能

🔔 口诀

户内少油断路器，拆卸检修四不能。

发生事故跳闸后，不能立即拆检查。

拆卸检修组装时，不能漏装止回阀。

调整导电杆行程，无油不能速分闸。

放净脏油注新油，油箱不能加满油。(2-26)

说明 🔍

SN10-10 型断路器是三相户内式高压少油断路器，适用于 10kV 输配电系统作为电力设备及线路的控制与保护作用，也可以用于操作较频繁的场所进行快速自动重合闸操作。在定期及发生事故跳闸后检修的操作中，应特别注意四项不能的规定，以确保少油断路器的正常、安全运行。

（1）少油断路器发生事故跳闸后，不能立即拆开检查，主要是为了防止发生"事后爆炸"。因为断路器切断故障电流后，在其油箱内油面上仍存在着温度较高的可燃性气体。如果断路器跳闸后立即拆开检查，则外部空气就会迅速进入油箱内，同箱内的气体以某种比例混合，万一不慎出现火源（包括静电和电容可能产生的放电火花），将可能引起油箱的爆炸。事后爆炸不仅损坏设备，还会使检修人员受伤。所以在少油断路器发生事故跳闸后，应待其内部的气体冷却或大部分散入空气后方可拆开检查。

（2）SN10-10 型少油断路器灭弧室的上部装有止回阀，此阀虽小，但作用很大。当断路器开断时，动、静触头一分离就会产生电弧，在电弧的高温作用下，油分解成气体，使灭弧室内压力增高。这时止回阀内的钢球迅速上升堵住其中心孔，让电弧继续在近似封闭的空间里燃烧，使灭弧室内压力迅速提高，产生气吹而熄弧流。如果漏装止回阀，在断路器开断时，电弧产生的高压气流就会从灭弧室的上端装止回阀的孔中向空间释放而不能形成高压气流，电弧就不能熄灭，少油断路器也就可能被烧毁。

（3）SN10-10型少油断路器分闸时，靠导电杆下部的贮油空腔与底座的阻尼轴一起组成阻尼油缓冲器来缓和分闸时的冲击力。如果断路器检修时（如导电杆行程的调整、三相合闸一致性的调整等）没有油就分闸，因油阻尼器不起作用，就可能使传动零件发生变形、损坏，以至于以后分闸时不能达到规定的开距而发生危险。所以规定无油时不能快速分闸。

（4）少油断路器的油箱上部不充油的空间称为缓冲空间。当灭弧室产生的油气穿过油层进入缓冲空间后，油气在缓冲空间靠体积膨胀得到充分冷却，然后才经油气分离器排入大气，故不致引起自燃和降低外部绝缘。如果缓冲空间体积过小，则油气冷却差，缓冲空间压力也会过高，可引起上帽炸裂；同时由于缓冲空间压力过高，会使油气不易分离而产生喷油。因此少油断路器不能充油过满，油箱上部应有合理的缓冲空间。

2-27 巡线任重道远经验谈

🔎 口诀

架空线路五巡视，任重道远事繁缛。

三查明四方面看，围绕杆基转一圈。

档距中间站一站，顺着线路看两边。（2-27）

说明 🔍

巡线是架空线路运行管理的一个重要内容。巡线分定期巡视（一般每月一次）、特殊巡视、夜间巡视、故障（事故）巡视和监察巡视五种。每次巡线均需沿线路走很长的路，所干的事多而琐细。所以"士不可以不弘毅，任重而道远"。

（1）查明沿线路环境：沿线路有无威胁线路安全的爆破、挖土等工程；有无堆积易燃易爆物和腐蚀性液、气体，以及违反电力线路保护条例的建筑物等；有无江河泛滥、山洪及泥石流等异常现象，以及有可能触及导线的树木、铁烟囱等。

（2）对每一根杆基应做到：向上四方面看，围绕杆基转一圈。一看横担及金具有无锈蚀、变形（木横担有无腐蚀、烧损、开裂），螺栓是否紧固、有无缺帽，开口销有无锈蚀、断裂、脱落等；二看绝缘子有无脏污、损伤、裂纹和闪络痕迹，铁脚、铁帽有无锈蚀、松动和弯曲；三看导线（包括架空地线、避雷线）有无断股、损伤和烧伤痕迹，绝缘子上固定导线用的绑线有无松弛或开断现象，三相导线弧垂是否平衡等；四看杆上开关设备、防雷设施是否完好。然后围绕杆基转一圈，检查杆塔是否倾斜，基础有无损坏和下沉（或上拔），查看护杆设施是否完好，杆号标志是否清晰，防雷接地是否良好等。

（3）站在档距中间顺着线路看两边。看导线对地、对建筑物等的距离是否符合规定；看导线有无断股、损伤、烧伤痕迹，以及有无腐蚀现象（有接头时要看有无变色、雪先熔化的过热现象）；看导线上有无风筝及杂物等。

巡线内容应详细记录，特别是巡视检查中发现的缺陷应视其性质分类按所在的线路、杆塔、相别登记清楚，以利处理。

2-28　三先操作法

💡 口诀

安全三先操作法，做活之前先想想。

停送电前先通知，操作之前先检查。(2-28)

说明 🔍

要确保安全供用电，操作是重要的一环。如果操作不正确，就可能直接造成人身伤亡、设备损坏或停电事故，所以要重视研究电气设备的操作方法。在执行操作票、工作票制度的基础上，要认真实施"三先操作法"。

(1) 先想后做。电子运动有很严密的规律，但眼睛看不见，因此更需要电工善于思考，用心探索，尊重它的客观规律。电工当接到一项操作任务时，要先想好它的操作次序；按照规程要求写好操作票；预想可能发生的问题，以及防患的措施；然后再动手去操作，这样就比较有把握了。"先想后做"坚持几个月似乎不难，但自觉地坚持几年、几十年确实是不容易的；在正常的情况下去实施也许不难，但在外界因素的干扰下实施就不容易了。因此，"先想后做"要牢记在心，互相提醒。

(2) 先通知后停送。电气设备及线路停电前，必须先通知有关变电所和用户，使他们事先有充分的准备，能按时切除负载。送电前更应进行先通知，严防触电事故。如果不通知就送电，往往会出大问题，甚至会发生触电事故。

(3) 先检查后操作。操作开始前，首先要对现场情况进行认真的全面检查。例如，一条线路送电，一定要检查清楚是否全部检修工作均已结束，人员已全部下杆，地线已全部拆除，相位正确，绝缘电阻合格，保护装置已投入，断路器在断开位置等。

2-29　低压带电作业时安全操作三原则

💡 口诀

> 低压带电作业时，安全操作三原则。
> 做到与大地隔绝，避免线地间触电。
> 先分断电流回路，防介入回路触电。
> 采取单线操作法，避免两线间触电。(2-29)

说明 🔍

低压带电作业多为万不得已情况下检修低压电气装置，在检修工作中容易发生的工伤事故有两类，即触电事故和高处摔跌事故。其中，高处摔跌事故往往也由触电引起，并会造成重伤或死亡。在带电检修低压电气装置时，为了避免形成触电回路，必须同时严格贯彻以下三点安全操作原则。

(1) 做到与大地隔绝。在带电检修时，人体各部分必须与大地（包括与大地有连通的可导电的建筑物及管道）有可靠的绝缘隔离。因此，电工必须严格按照安全工作的规定穿着电工绝缘胶鞋、防护工作服，带有绝缘手柄的工具，以及采用竹或木结构的干燥梯子（或用干燥的木凳）登高。即使不登高，也应用干燥的木板或橡皮等绝缘物垫在足下。同时在操作时人体不可触及建筑物。此外，在接受未与大地隔离绝缘者递交的工具或零件时，检修人员必须停止操作，双手必须脱离检修点。这样才能避免形成线地间的触电回路（当检修人员的身体同时触及一根带电相线和导电的地面、墙柱、自来水管等，电流就会通过人体、建筑物和大地形成电流回路）。

（2）先分断电流回路。在检修用电器具的个别电路时，应首先杜绝电流可能形成的闭合回路。如在检修电灯开关时，必须先卸下灯泡。这样，即使人体同时分别触及开关的两个接线端子，也不会因人体介入而形成触电回路。在检修灯头或挂线盒等时，必须把电灯开关分断，这样可以避免同时触及两个接线端子时形成人体介入电路的触电回路（当电工检修单极控制开关、熔断器或导线连接点时，人体同时触及两个接线端子或断开的两个线头，这时电路带电，人体就串入用电器具的电流回路或代替了用电器具）。

（3）采取单线操作法。在检修工作时，人体在任何时间都不可分别触及两个线头，或两个接线端子，或两个触点。操作时必须一个线头一个线头地操作。凡有可能因不慎而触及的邻近带电裸导体，必须预先加以遮护。这样就可避免形成两线间的触电回路（当检修人员身体的两个不同部位同时触及两根导线的裸露部分或两个接线端子时，人体就接通了两线间的电路，形成电流回路）。

这里需要指出的是：电工在万不得已而带电检修低压电气装置时，上述三种避免形成各种触电回路的安全措施，必须同时采用。如果只采取一种或两种措施，仍然会发生触电事故。例如，如果没有采取与大地隔离绝缘这一安全措施，即使严格采用了单线操作和分断电流回路两项措施，仍会形成线地间的触电回路。因此，上述三种措施必须同时采用，才能确保电工的安全作业。

2-30 电气设备检修经验六先后

电气设备有故障，检修经验六先后。
设备机电一体化，先机械来后电路。
实施方式和方法，先简单来后复杂。
先外部调试排除，后处理内部故障。
先静态测试分析，后动态测量检验。
遵循先公用电路，后专用电路顺序。
先检修常见通病，后攻克疑难杂症。(2-30)

说明 🔍

　　当一台电气设备发生故障时，不要急于动手拆卸，首先要了解该电气设备产生故障的原因、经过、范围、现象，熟悉该设备及电气系统的基本工作原理，分析各个具体电路，弄清原理中各级之间的相互联系以及信号在电路中的来龙去脉。应善于透过现象看本质，善于抓住事物的主要矛盾。结合实际经验，经过周密思考，确定一个科学的、符合实际的检修方案。为此现介绍行之有效的检修经验六先后。

　　(1) 先机械，后电路。电气设备都以电气—机械原理为基础，特别是机电仪一体化的先进设备，机械和电气在功能上有机配合，是一个整体的两个方面。往往机械部件出现故障，影响了电气系统，许多电气部件的功能就不起作用了。因此不要被表面现象迷惑，应透过现象看本质，电气系统出现故障并不全是电气本身的问题，有可能是机械部件发生故障引起的。所以先检修机械系统所产生的故障，再排除电气部分的故障，往往会收到事半功倍的效果。

（2）先简单，后复杂。此经验有两层含义：一是检修故障时，要先用最简单易行、检修人员自己最拿手的方法去处理，然后再用复杂、精确的或是自己不熟悉的方法；二是排除故障时，先排除直观、显而易见、简单常见的故障，后排除难度较高、没有处理过的疑难故障。

（3）先外部调试，后内部处理。外部是指暴露在电气设备外壳或密封件外部的各种开关、按钮、插口以及指示灯。内部是指在电气设备外壳或密封件内部的印制电路板、元器件及各种连接导线。先外部调试，后内部处理。就是在不拆卸电气设备的情况下，利用电气设备面板上的开关、按钮、旋钮等调试检查，压缩故障范围。首先排除电气设备外部部件所引起的故障，再检修设备内部的故障，尽量避免不必要的拆卸。

（4）先静态测试，后动态测量。静态是指发生故障后，在不通电的情况下，对电气设备进行检修；动态是指电气设备通电后对电气设备的检修。大多数电气设备发生故障后检修时，不能立即通电。如果通电的话，可能会人为地扩大故障范围，损毁更多的元器件，造成不应该的损失。因此，在故障电气设备通电前，先进行电阻的测量分析，采取必要的预防措施后，方可通电检修。

（5）先公用电路，后专用电路。任何电气设备的公用电路出现故障，其能量、信息就无法传送，分配到各具体电路、专用电路的功能、性能就不起作用。如果一台电气设备的电源部分出了故障，整个系统就无法正常运行，向各种专用电路传递的能量、信息就不可能实现。因此只有遵循先公用电路，后专用电路的顺序，才能快速、准确无误地排除电气设备的故障。

（6）先检修通病，后攻疑难杂症。电气设备经常容易产生相同类型的故障，这就是通病。由于通病比较常见，处理的次数和排除的方法均多，积累的经验较丰富，因此可以快速地排除。这样可以集中精力和时间排除比较少见、难度高、古怪的疑难杂症，简化步骤，缩小范围，有的放矢，提高检修速度。

2-31 识读电气图基本方法五结合

🔆 口诀

识别读懂电气图，基本方法五结合。

电工电子两技术，基本理论和常识。

元器件结构原理，规范性典型电路。

电气图绘制特点，其他专业技术图。(2-31)

说明 🔍

电气图是电气技术领域广泛应用的一种技术资料，是设计、生产和维修不可缺少的内容。电气图是电工进行技术交流和生产活动的"语言"，通过对电气图的识读、分析，能帮助电工了解电气设备的工作过程及原理，从而更好地使用、维护这些设备，并在故障出现的时候能够迅速查找出故障的根源，进行维修。故有"电工会识电气图，安装检修心有数"的说法。现介绍识读电气图的基本方法五结合。

(1) 结合电工、电子技术基本理论和常识识读图。在实际生产的各个领域，变配电所、电力拖动系统、各种照明电路、各种电子电路、仪器仪表及家用电器等，都是建立在电工、电子技术理论知识上的。因此要想看懂电气图，必须具备一定的电工、电子技术理论知识。如三相感应电动机的正反转控制，就是利用电动机的旋转方向是由三相交流电的相序决定的原理，采用倒顺开关或两个接触器实现切换，从而改变接入电动机的三相交流电相序，实现电动机正反转。

(2) 结合电气元器件的结构和工作原理识读图。电路是由各种电气设备、元器件组成的，如电力供配电系统中的变压器、各种开关、接触器、继电器、互感器等，电子电路中的电阻器、电容器、电感器、二极管、三极管、晶闸管及各种集成电路等。因此，只有熟悉这些电气设备、元器件的结构、工作原理、用途和它们与周围元器件的关系以及在整个电路中的地位和作用，才能正确识读电气图。例如，在图2-24所示三极管基本放大电路中，三极管 VT 是放大元件，了解它的结构，熟悉它的工作原理，就能正确认识它的放大原理：

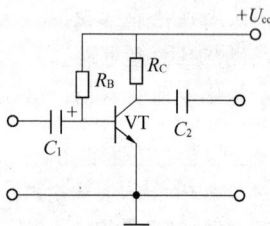

图 2-24　三极管基本
放大电路

R_B 是基极偏置电阻，给放大电路提供合适的静态；R_C 是集电极负载电阻，起电压转换作用；C_1、C_2 是耦合电容，负责进行信号传递。

（3）结合典型电路识读图。所谓典型电路，就是常用（见）的具有代表性的基本电路，是学习和生产中的基础电路。如三相感应电动机的启动、制动、正反转、过载保护、联锁电路等，电子电路中三极管放大电路、晶体管整流电路、振荡电路、脉冲与数字电路等，都是典型电路。

一幅复杂的电路图，细分起来都是由若干典型电路所组成的。因此，熟悉各种典型电路，对于看懂复杂的电路图有很大帮助，不仅看图时能很快分清主次环节，抓住主要矛盾，而且不易搞错，从而达到正确识读图的目的。

（4）结合电气图的绘制特点识读图。电气图的绘制有一定的基本规则和要求，按照这些规则和要求画出的电气图，具有规范性、通用性和示意性等特点。例如，电气图的图形符号和文字符号的含义、图线的种类、主辅助电路的位置、表达形式和方法等，都是电气制图的基本规则和要求。掌握熟悉这些内容对识读图有很大的帮助。

（5）结合其他专业技术图识读图。为更好地利用图纸指导施工，凭借所学的有关制图、看图的知识，结合其他专业技术图，如土建图、管道图、机械图等看电气图。电气图与一些其他专业的技术图有着密切的关系，因此识读电气图时，应与其他专业的技术图相结合，一并仔细识读。

第 3 章

窍门技巧简捷法

3-1　錾截冷拆法拆除电动机旧绕组

💡 口诀

> 拆除电动机绕组，手工錾截冷拆法。
> 木工凿子扁平錾，錾铲绕组任一端。
> 紧贴铁心逐槽铲，切口与槽口齐平。
> 铁皮剪刀或钢锯，断开绕组另一端。
> 锤击合适径铜棒，冲出槽中漆包线。　　(3-1)

说明 🔍

　　电动机旧绕组拆除工艺好坏与修复后电动机质量密切相关。拆除绕组时，使用的拆除工具都要采取防范措施，以免损伤定子齿形和定、转子铁心内外圆表面而产生毛刺及划痕，造成铁心损耗增加。同时应记录好槽数、线圈匝数、导线类别、线径大小、接法等有关数据。必要时还要绘制出单相或三相绕组的接线简图，供修复时接线参考。拆除绕组可采用冷拆和热拆两种方法。现介绍錾截冷拆法。

　　用一把木工凿子(或将扁平錾在砂轮机上磨成30°，其宽度、长度要适应电动机定子线圈錾截的需要)紧贴铁心(最好在端部伸出绕组与机壳之间垫好小块弧形金属薄板，以防凿子滑动时铲伤机壳)，自铁心朝机壳方向将线圈端部逐槽錾截，錾截绕组线圈的切断面一定要与定子槽口齐平。绕组的另一端用铁皮剪刀（或用钢锯）剪开，然后用一根粗细合适的直圆铜棒（棒能在定子槽内自由拉动）顶于槽底部打入，将槽中的漆包线绕组整个推出。此拆法可省去拆前的烘软工序，节省时间，节约电能，且拆起来比较省力。此拆法适用于容量为 7.5kW 以上的电动机，其拆除效果良好。

3-2 检测电动机定子绕组端部与端盖间空隙大小

电机大修换绕组，定子绕组嵌完线。

绕组端部端盖间，空隙大小巧测检。

绕组端部等距离，粘贴四块小纸板。

端盖扣上转一周，取下端盖看纸板。

没有磨碰损痕迹，空隙正常不碰壳。

纸板碰坏空隙小，绕组重绑扎整形。　　（3-2）

说明 🔍

电动机大修，更换定子绕组。电动机定子绕组嵌完线，浸漆前要检查绕组端部与端盖间的空隙，以免发生绕组碰壳（接地）故障。但是这个空隙比较特殊，既看不见又无法测量。对此可采用下述方法检测：根据电动机大小，将 3 或 4 小块厚 0.8～1mm 纸板用透明胶带或塑料胶带等距离粘在绕组端部；将端盖扣上（端盖内凹面有毛刺等应先铲除），轻轻转动一周后取下端盖。如果发现所粘的纸板未被端盖转动时碰坏，则说明绕组端部与端盖间空隙正常，不会发生定子绕组碰壳故障；反之，应重新将绕组绑扎、整形。

3-3 用交流电焊机干燥低压电动机

口诀

交流焊机作电源，干燥受潮电动机。

抽出电动机转子，定子绕组吹干净。

绕组接成一路串，并接焊机二次侧。

进行通电干燥前，输出调到最小值。

启动焊机调铁心，均匀调节电流值。

观察钳形电流表，逐步达到规定值。

如此干燥一小时，然后断电测绝缘。

直至绝缘达标准，并需稳定数小时。 (3-3)

说明

采用交流电焊机作低压电源对绝缘电阻不符合标准的中、小型低压电动机进行干燥，是一种比较方便、安全的方法。其工作原理是利用交流电焊机输出端低压电流直接通过电动机定子绕组，产生铜耗发热（此热量由绕组里向外扩散），以达到驱潮、恢复电动机绝缘性能的目的。

具体方法步骤是把受潮电动机转子抽出后，先用压缩空气（吹尘器、打气筒等）把电动机定子绕组吹干净。然后将三相定子绕组接成一路串联，并接在交流电焊机的二次侧（输出端），如图3-1所示。为了保温和防止异物落入定子绕组内，可以用帆布将其围起来，但要留有出气孔，以利潮气排出。在绕组端部和铁心等处，插入3～5支温度计。进行通电干燥前，应使交流电焊机二次侧输出调节到最小值，然后启动电焊机，此时电动机定子绕组两接线端即有30V以下的电压。接着调节电焊机动铁心位置，改变漏磁分路的大小，从而均匀地调节电流（也可改变电焊机二次侧空载电压，粗调电流），在调节时须观察钳形电流表，使电流达到规定的数值。一般在电动机定子绕组上施加的低电压为额定电压的7％～15％，并控制绕组中的电流为其额定电流的50％～70％（或每千瓦容量应为1A的电流）。如此干燥若干小时（视电动机绕组受潮程度而定），当绕组的绝缘电阻达到标准，并在5～8h稳定不变时，即可认为干燥完毕。

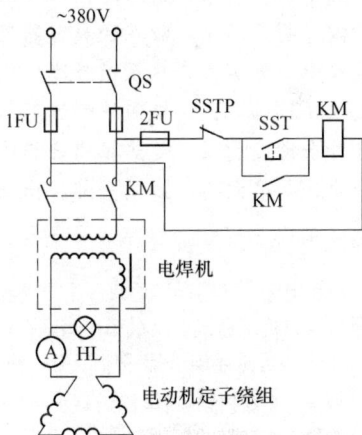

图 3-1　电焊机干燥电动机接线示意图

用交流电焊机干燥低压电动机时应注意事项：①每小时断电测量电动机绝缘电阻一次，并记录绕组、铁心温度和电流数值；②电动机绕组允许最高温度一般不超过70～75℃，尤其要注意绕组上部的温度，因为它比别处的温度高；③温度要逐步增高，升温速度以5～8℃/h为宜；④被水浸过的电动机不能用此法，应采用外加热法，以避免电动机绕组绝缘击穿；⑤电焊机的容量选择，可按其所需二次侧电流、电压进行估算。

3-4　油煮法拆除手电钻转子绕组

💡 **口诀**

> 修理手电钻转子，拆除绕组油煮法。
> 槽楔锯割开转子，放在金属容器里。
> 注入柴油加热煮，热至绝缘漆软化。
> 夹住转子轴取出，绕组端部速剪断。
> 接着手持尖嘴钳，趁热拉出绕组边。
> 如此反复热煮拆，线圈全部拉出来。　　（3-4）

🔍 **说明**

电动工具手电钻，使用损坏后转子需要修复，但转子绕组漆灌得很实，拆除很难。用烘箱（有些企业单位还没有此设备）加热法拆除手电钻转子绕组费时费力又费电，而用油煮法则省时省力又经济。

具体做法是先用钢锯将槽楔锯割开，再取一个金属容器（不要太大，能横向放下转子且深度为转子直径的2.5

倍即可），注入适量柴油（只需浸没转子），加热至绝缘漆软化。然后一手持钢丝钳夹住转子轴的一端取出转子，另一手持斜口钳快速剪断绕组端部，接着用尖嘴钳趁热逐步拉出绕组边。若一次拆不完，可加热再煮，反复几次，一般1h左右即可拆完。热源用电炉较方便，但操作中一定要注意安全，如在取出转子前，应切断电炉的电源。

3-5 快速去除直流电动机转子旧线圈端部焊锡法

💡 **口诀**

> 直流电动机转子，利用旧线圈重绕。
> 烧去线圈绝缘前，去除线头部焊锡。
> 线头先浸锡锅内，取出甩掉附着锡。
> 后将线圈穿一起，端部朝下并排齐。
> 头浸硝酸溶液中，时间三至五分钟。
> 取出清水冲干净，线头去锡显出铜。　　（3-5）

🔍 **说明**

　　大修直流电动机转子时，利用拆卸下来的旧线圈重绕。拆除下来的旧线圈要烧去绝缘，同时使导线软化便于修复时整形。通常在烧线圈绝缘前必须将线圈端部的焊锡全部锉净。这是因为经过烧绝缘后，线圈端部焊锡将变为合金，硬得锉不动，而且合金上是无法附着锡的。一台矿井下的矿用电机车的直流电动机的转子线圈头有260个，都要一一锉净，费时费力，况且每锉一次，铜线就受到损失，有的线圈修不了几次就报废了。对此，现介绍一种快速去除直流电动机转子旧线圈端部焊锡法。

拆卸下来的旧线圈在烧绝缘前，先将线圈头部在锡锅内浸一次，取出用掉附着的锡。然后将线圈穿在一起，将线头部分浸入硝酸溶液中（工业用浓硝酸，用同等容积的水稀释，将稀释的溶液放在塑料盆或塑料槽内），时间3～5min（不宜时间太长），取出后用清水冲洗干净，线头即显出光亮洁净的铜金属。整个过程只需 1h 左右，可大大提高工效（用过的硝酸溶液还能再用，只需保持一定浓度）。

3-6 挖空示温蜡片中心处粘贴法

💡 **口诀**

> 监视接头发热状，示温蜡片粘贴牢。
> 金属贴面擦干净，蜡片贴面刀削平。
> 蜡片中心挖空洞，挖去部分涂厚漆。
> 按贴蜡片稍用力，蜡片底部溢出漆。
> 挖空部分油漆干，蜡片牢粘接头处。　（3-6）

🔍 **说明**

电气设备在运行中都要产生一定的热量，引线连接桩头则是发热的重点部位。为监视接头的发热程度，保证设备安全运行，通常的办法是在连接处粘贴示温蜡片。

如何粘贴好示温蜡片，以保持一定的使用时间，实践中贴法不尽相同。粘的牢、保持时间长久的贴法是挖空蜡片中心处粘贴法。具体方法是先把需要粘贴蜡片处的金属粘贴面用干布擦净，然后把蜡片粘贴面用小刀削平，在蜡片粘贴面中心挖去一小部分（约占蜡片体积的1/6，以增加蜡片粘贴面的面积），在挖去的部分涂满普通调和漆（厚漆）稍用力将蜡片粘贴在设备接头处，使油漆从蜡片底部溢出。待数日蜡片挖空部分油漆干燥后，蜡片便牢牢地粘贴在接头处。

3-7 热碱水溶液清除瓷套管污垢

💡 口诀

瓷套管表面污垢，碱水溶液清除法。

碱水溶液九十度，套管放置溶液中。

浸泡三至四小时，取出水洗净烘干。　　　(3-7)

🔍 说明

在检修配电变压器及多油断路器时，经常遇到瓷套管上结有一层很坚固的污垢，若用金属片铲刮，不仅多花劳动力，而且易使瓷套管表面受伤，形成纹路。简易清除瓷套管污垢的方法为：将污垢的瓷套管浸于温度为80～90℃的碱水溶液中，放置3～4h，然后用清水冲洗干净、烘干。碱水可用氢氧化钠溶液或土碱溶液，一般浓度便可。这种溶液在上述温度下也能清除配电变压器油箱上的油垢，其效果很佳。

3-8 水浮泥汤擦洗绝缘子

💡 口诀

水浮泥汤易调制，取细淤泥土层土。

放清水桶中浸泡，半个小时后搅拌。

稀泥汤后停止搅，静置三四分钟后。

砂粒硬物沉水底，取用上层浮泥汤。

倒入干净桶使用，破布沾水浮泥汤。

细心擦洗绝缘子，残留泥污沾水擦。

最后使用干破布，擦拭干净绝缘子。　(3-8)

说明 🔍

众所周知，污秽绝缘子在运行中极易发生污闪或雾闪，影响供用电安全。擦洗绝缘子通常用黄沙、石英砂或酸性溶液，不仅工作量大，不易擦干净，而且会损伤绝缘子釉面。而用水浮泥汤擦洗方法，既能擦掉污秽又不损伤绝缘子光洁度，此方法简便易行又很经济。

水浮泥汤是利用大地下的细淤泥土，加清水搅拌制成的。水浮泥是一种粉末状物体，因其呈碱性，经水溶解后，不但具有一定的黏度，而且有一定的硬度。由于其硬度远远低于瓷绝缘子的硬度而又高于污秽的硬度，所以它能将绝缘子上污秽擦掉，又不致损伤绝缘子的光洁度和绝缘强度。又因水浮泥汤含有一定的碱性和黏度，所以在擦洗过程中能将带有一定黏性的油垢、灰尘以及多种成分的混合物溶解擦掉。这就是运用水浮泥汤擦洗绝缘子的原理。

水浮泥汤的调制和擦洗绝缘子的方法：将大地下的细淤泥土层的土挖出之后，放进清水桶中浸泡约 0.5h，将其搅拌成稀泥汤，而后停止搅拌 3~4min，使土内带有砂粒之类的硬物沉淀到底层，然后再把上层的水浮泥汤倒入干净的桶内，即可使用；擦洗绝缘子时，用破布沾着水浮泥汤细心擦绝缘子的各部分，一直擦到各处恢复原有的颜色为止；再用破布沾着清水将覆在绝缘子上的泥污擦洗干净；最后用比较洁净的干布擦拭一次，使绝缘子不留有泥污痕迹。

【注意事项】擦洗室外绝缘子，一般宜在春秋两个季节进行；在调制水浮泥汤时，禁止使用带有腐蚀性化学成分的水进行调制，否则会使绝缘子、架线金具、导线等受到腐蚀；要防止绝缘子上留有擦洗的泥污，以免发生放电事故。

3-9 银浆覆盖充油设备基础面油污脏迹

口诀

充油设备基础面，油污脏迹银浆盖。
银浆配制三种料，一份浮性铝银浆，
加同份稀料溶开，八份清漆搅拌匀。
刷蘸银浆混合液，涂刷一遍基础面。
油污脏迹全覆盖，晾干牢固有光泽。　　(3-9)

说明

发电厂、变电站（所）的充油设备（如变压器、互感器、油断路器等）的基础大多用混凝土抹面。在设备安装调试过程中，难免有绝缘油溢出或渗漏，使构架基础脏污，既不整洁又不美观。通常用汽油、清洗剂擦洗，费工费时，效果不好。采用银浆覆盖的办法，操作简便且费用低廉。

银浆配制：浮性铝银浆、醇酸稀料和醇酸清漆三种料以1∶1∶8配制。具体操作时，先用稀料把银浆溶开，再加入清漆搅拌均匀，便可使用。

银浆覆盖法：用油刷蘸银浆混合液均匀地涂刷一遍构架基础整个表面，则可将油污脏迹覆盖。刷后晾干 2h 就很牢固、整洁，并有光泽，而且不再吸附绝缘油。

3-10 聚氯乙烯管加热套接法

💡 口诀

聚氯乙烯管管路，连接加热套接法。

管口锉圆滑斜面，另管端用火烤软。

拿稳锉斜面管端，插入烤软端管口。

慢慢转动稍用力，旋钻纵深烤软管。

推进管口六厘米，两管端包衬相连。

分开两管相反转，同时用力向外拉。

两管再需相连接，此时只需直接插。(3-10)

说明 🔍

在配电线路管道安装上，常采用聚氯乙烯管。应用效果良好，然而在管子的连接问题上还存在一些问题。如先在相接的两管端套扣，然后用铁箍连接起来，这种方法在实际运用中有两个缺点：一不易将扣套好；二是安装时不牢固，很容易折断。对此实践中采用了加热套接法。聚氯乙烯管加热套接法步骤如下：

（1）两管相连接时，一管的一端用火烤，而另一管的相连接端用木锉锉成圆滑的斜面。

（2）当发现管子端部烤软了的时候，一人拿稳已烤好的管子端部靠后些部位；另一人拿着锉好了斜面的管子端头，将有斜面管口插入烤软端管口，慢慢转动，并用较小的力往前推钻。这样由于聚氯乙烯管的可塑性，锉成斜面的管口端就旋钻进烤软管端，烤软管端包裹住另一管子的端头，两者包衬相连接在一起，如图3-2所示。

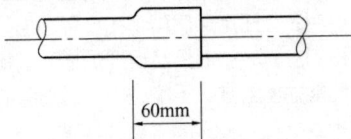

60mm

图 3-2　聚氯乙烯管加热套接示意图

(3) 两管接口长度约 60mm 即可，如果要将它们分开，可左右相反地转动，并用力向外拉，这样很快就分开了。若要再连接起来，只需直接插入即可。

3-11　蛇皮管做填充材料热弯硬质塑料管

口诀

蛇皮管做填充料，热弯硬质塑料管。
选用蛇皮管外径，略小塑料管内径。
自由穿进塑料管，管置电炉盘上方。
均匀加热弯曲段，待烤软后即可弯。
自然冷却定形后，抽出管内蛇皮管。(3-11)

说明

电工安装工程中广泛使用聚氯乙烯管，俗称硬质塑料管。热弯硬质塑料管子时必须在管子内灌黄砂，效果既不理想，运用又很麻烦。其实用金属软管（柔软且很长的形似蛇皮节的管子，俗称蛇皮管），做填充材料是行之有效的办法。即将稍小于硬质塑料管内径的蛇皮管（细塑料管还可以用拉门的弹簧）穿进塑料管内，然后把塑料管置于电炉上方（或用喷灯），旋转均匀加热需弯曲管段；待弯曲段烤软后即可弯曲，冷却定形后再将蛇皮管抽出。应用此法必须注意选取蛇皮管大小（外径粗细规格）以能自由放进硬质塑料管和能抽出为准，不能太小，否则弯曲出的塑料管易产生皱折。

3-12 金属软管截断法

💡 口诀

> 金属软管锯割断，须用木块做夹具。
> 根据软管外直径，木块钻个略大孔。
> 垂对圆孔直径面，中部开条锯口槽。
> 固定木块穿软管，软管断位恰对槽。
> 锯条顺槽缝下锯，轻松自如推拉锯。
> 金属软管易截断，断口整齐不松散。(3-12)

🔍 说明

金属软管有防锈蚀而镀锌或涂漆的保护层。在机床及机械设备上广泛采用金属软管保护连接电气的导线，以防止机械损伤。经常碰到要按所需长度截断金属软管，如截断方法不妥当，容易造成软管松散、变形，影响质量。一般是用手将软管按螺旋方向旋开，用斜口钳剪断软管的筋部，对剪断口不齐的现象稍加修整即可。

对于使用数量多的场合，可用木块制作成如图 3-3 所示的简易夹具。木块上开一个比金属软管外径稍大一些的圆孔，在木块中部开一条锯口槽。使用时将木块固定在一个适当的地方，将软管穿入圆孔中，所需尺寸的标记对准锯口槽，顺锯口槽方向采用细牙钢锯就能轻松自如地截断金属软管了。锯割口整齐不松散，再用圆锉将断口的毛刺锉掉，便可以使用了。以金属软管的系列规格尺寸多准备几个锯割软管的简易夹具，能提高工作效率和质量。切记软管不宜夹在台钳上锯割。因为夹紧了软管损坏；夹松了，锯割起来前后活动，锯割的结果常常是断口不齐，还会松散。

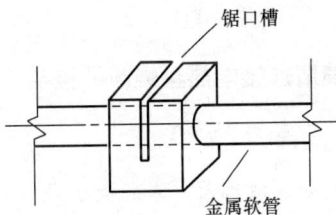

图 3-3　锯割金属软管时简易夹具

3-13　用石蜡煮清除镇流器沥青

💡 口诀

清除镇流器沥青，应用石蜡熔液煮。
粘有沥青硅钢片，伙同固态石蜡块，
同放一个容器内，放置炉火上加热。

石蜡沥青都溶解，沥青漂浮石蜡上，

除掉沥青溶液后，捞出硅钢片甩干。(3-13)

说　明

20W以上的日光灯镇流器的封装，多用灌注沥青固定，这虽有利于固定和防止电磁振动，但却给修理带来了困难。因为沥青的附着力很强，又黏又韧，不仅拆卸困难，并且在重绕后，残留的沥青会使硅钢片不易叠紧。其实，对粘有沥青的硅钢片，只要将其和石蜡（普通白蜡烛也可）同放在一个容器内煮一下便可清除。当石蜡和沥青都溶解后，沥青会浮到石蜡熔液的上面，只要将沥青去掉即可。加热时，炉火不宜太旺，以免容器内沥青和石蜡熔液发生燃烧，一般以石蜡熔液不冒烟为宜。

3-14　玻璃屑连接电热丝烧断的接头

口　诀

玻璃砸成玻璃屑，米粒大小或粉末。

电热丝烧断断头，清除干净氧化物，

再把这两个断头，互缠两三圈连接。

在电热丝通电后，玻璃屑放接头处，

功率大用米粒状，功率小用粉末状，

待玻璃屑熔化后，接头则连接牢固。(3-14)

说　明

用缠绕法或叠压法以及金属导体连接法处理电热丝烧

断后的接头，均存在着两个缺点：①接头处易氧化；②热胀冷缩，接头易松动。这样在使用中，接头处电阻会增大，发生弧光，再次烧断。

现介绍用玻璃屑连接电热丝的接头方法：首先准备些砸成米粒大小或粉末状的玻璃屑，而后把断头处的氧化物清除干净，再把两个断头小心地互缠 2～3 圈；通电后，把准备好的玻璃屑放到接头处（功率大的用米粒大小的玻璃屑；功率小的则用粉末状的玻璃屑）；待玻璃屑熔化后，接头则牢牢地连接在一起。这种连接法既不改变原电热丝的电功率，又不会在原接头处再次烧断。

3-15　烧毛的电气接线螺桩用尖嘴钳套丝

遇接线螺桩烧毛，造成螺母难拧紧。

板牙铰手圆板牙，取出套在螺桩上。

尖嘴钳插切削孔，旋转钳柄来套丝。

太紧借助活扳手，唇夹钳转轴上扳。(3-15)

🔍 说明

在日常电气维修中，常会遇到电气接线螺桩（即接线螺栓，多数为 M12～M16）烧毛，尤其是交流电焊机接线螺桩、电炉控制柜进线或出线螺桩，造成螺母难以拧紧，导线不能紧固。这时，不得不卸下接线螺桩重新套丝。这一拆卸往往要大动干戈，拆得一塌糊涂。对此可将圆板牙从板牙铰手内取出，直接把圆板牙套在烧毛的螺桩上；将 6in（160mm）尖嘴钳钳头套入切削孔内，如图 3-4 所示。

用手旋转尖嘴钳手柄来套丝。若太紧，还可以借助活扳手，卡夹在尖嘴钳旋转轴上扳。这方法是可行的：因螺纹烧毛是局部损坏，用力较小；而且一般通过大电流的螺桩（如电焊机接线螺桩）是铜质的，材质较软，所以用力不必太大。实践证明，此法省工省时，简单实用，效果明显。

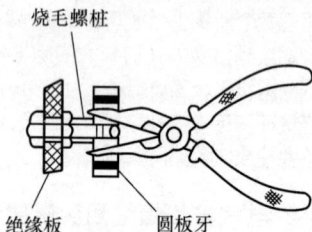

图 3-4　用尖嘴钳套丝示意图

圆板牙切削孔有的是 3 个孔（一般为 M3～M5），有的是 4 个孔（M6～M12）、5 个孔（M14～M22）和 6 个孔（M24～M32）。如果切削孔是 4 个孔或 6 个孔，当然最好，套丝时受力对称均匀；如果是 5 个孔或 3 个孔，尖嘴钳照样可套丝，受力不对称影响不大，有时遇到轻微的烧毛，甚至可用手抓住圆板牙套丝。

3-16　铜导线与电器针孔式接线桩头的连接法

💡 口诀

针孔式接线桩头，孔顶部设置螺钉。

旋紧螺钉压线头，完成线器电连接。

孔较线芯直径大，端头略折翘向上。

线径较小孔径大，线折双股并列插。

容量较大需求高，两枚螺钉旋紧法。

先紧近端口螺钉，后旋拧紧第二枚。

然后同次序加拧，反复加拧需两次。(3-16)

说明 🔍

铜芯多（单）股导线与电器的针孔式接线桩头（柱型端子）的连接方法，是依靠置于孔顶部的压紧螺钉压住线头（线芯端）来完成电连接的。为了能有效地防止线头在压紧螺钉稍有松动时从孔中脱出，故需采用如下接线工艺。

单芯绝缘导线线头与电器的针孔式接线桩头连接时，接线桩头孔较线芯直径大些，则应在单芯芯线插入孔前把线芯端头略折一下，折转的端头翘向孔上部，如图 3-5（b）所示。

单芯绝缘导线线头与电器的针孔式接线桩头连接时，在通常情况下，线芯直径都小于孔径，且多数都可插入两股线芯，所以必须把线头的线芯折成双股并列后插入孔内，并应使压紧螺钉顶住在双股线芯的中间，如图 3-5（c）所示。

电流容量较大的，或连接要求较高的，针孔式接线桩头孔顶部通常有两个压紧螺钉。连接时应先拧紧第一枚压紧螺钉（近端口的一枚），后拧紧第二枚，然后再加拧第一枚及第二枚，要反复加拧两次（见图 3-6）。但不可拧得太紧，以免损伤芯线。

此外，多股线芯铜导线线头与电器的针孔式接线桩头连接时，必须把多股线芯按原拧绞方向，用钢丝钳进一步绞缠紧密，要保证多股线芯受压紧螺钉顶压时不松散。

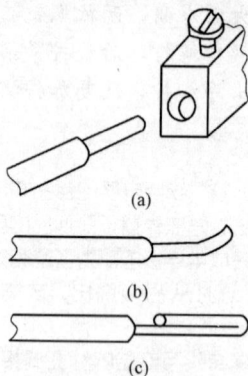

图 3-5 线头与孔径大小匹配示意图

（a）孔线径大小较适宜时连接；（b）孔径略大线芯端头略折翘起；
（c）孔径大线芯折成双股并列

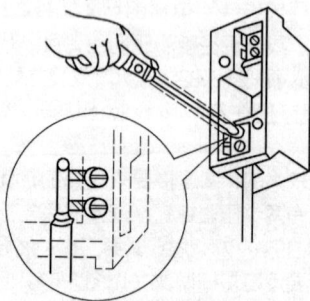

图 3-6 导线与熔断器的针孔式
接线桩头的连接示意图

3-17　静铁心座槽内垫纸片消除交流接触器噪声

💡 **口诀**

> 小型交流接触器，还有中间继电器。
> 使用日久有噪声，扰人不安减寿命。
> 静铁心座定位槽，内衬绒布片变薄。
> 加入两层纸垫片，立竿见影除噪声。(3-17)

🔍 **说明**

各种系列40A以下的交流接触器以及中间继电器，使用一段时间后常产生噪声。轻则扰人不安，重则会大大缩短接触器使用寿命，所以消耗量极大。

虽然刮除接触器铁心接触面油污层可消除电抗噪声，但此属常规的处理方法，且仅能在一段时间内有效。若遇到运用上述方法无效时，则一般是因为静铁心底部定位槽内衬的绒布片受力一段时间后变薄造成吸合位下沉。遇此情况，只要将底盖打开给静铁心座槽内加入1~2层0.3mm左右的纸垫片即可。几分钟内便能排除故障，消除噪声，大可不必换新。否则既耽误生产，又造成不必要的浪费。

3-18　自锁电路串开关启动按钮具有启动和点动两功能

💡 **口诀**

> 电力拖动电动机，单只接触器控制。

自锁电路串开关，启动按钮两功能。

开关闭合能自锁，开关断开能点动。(3-18)

说明 🔍

电力拖动是指用电动机来带动生产机械运动的一种方式。电力拖动由三部分组成，即电动机、电动机的控制和保护电器、电动机与生产机械的传动装置。生产实际中常见的继电器—接触器控制线路（用继电器、接触器、按钮等有触点电器组成的控制线路）在控制系统中是比较简单的，但是须知继电器—接触器控制是控制系统中最基本的控制方法。

普通牛头刨床的主电动机是由一只交流接触器控制的，并带有自锁装置（具有自锁的控制电路则具有欠电压与失电压保护作用）。在进行调刀架或其他一些需要点动控制的工作时，要反复操作启动、停止两个按钮，给操作人员带来不便。对此可在原自锁电路上加串一个钮子开关 SA，如图 3-7 所示，则启动按钮就可具有启动和点动两项功能。当 SA 闭合时电路仍能自锁，在 SA 断开时便可进行点动操作。

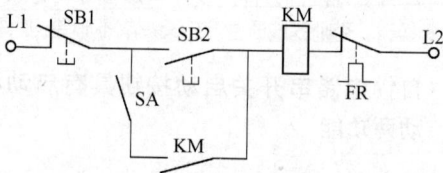

图 3-7 启动按钮具有启动和点动两功能
控制电路示意图

3-19 在运行仪表盘上钻孔时防止钻屑散落法

💡 口诀

仪表盘上打钻孔，防止钻屑散落法。

放置圆环形磁铁，圆环中心对钻孔。(3-19)

🔍 说明

在运行的仪表盘上钻孔时，钻下来的铁屑会落到电气设备和导线上，很不安全。同时要清除这些钻屑又不太容易，且很费时间。一种防止钻屑散落的简单方法是用一个圆环形磁铁（如废扬声器上的圆环磁铁）放在钻孔的位置处，使圆环形磁铁中心对准钻孔。这样，在钻孔时钻屑将被圆环形磁铁吸住而不致散落。

3-20 锉小缺口法修正碳膜电阻阻值

💡 口诀

碳膜金属膜电阻，修正电阻值简法。

标称电阻值偏小，电阻上面锉缺口。

阻值随深度增大，锉时要用电桥测。

阻值达到需要值，防潮清漆涂缺口。(3-20)

🔍 说明

常用万用表的电压挡及部分电阻挡的电阻大多采用测量用的碳膜电阻。而多数维修电工没有这种不常用的电阻。以500型万用表为例，其需要 2.25、3.57、11.4kΩ 等电阻，但标称电阻值系列都满足不了需要，因此在维修电工仪表时，须采用修正标称阻值的方法来弥补其不足。如 2.25kΩ 可用小什锦锉或钢锯条在 2.2kΩ 的碳膜电阻上锉出一个小细条（2～3mm 长），几丝深度即可，如图 3-8 所示，然后涂上清漆防潮。锉得越深，阻值增大得越多。其原理是：碳膜电阻的阻值随碳层的减薄而增加。在锉缺口的过程中要经常用电桥测量，以免阻值超过需要值。

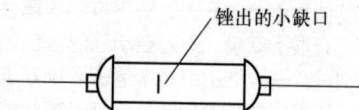

图 3-8　碳膜电阻上锉小缺口示意图

实践证明，锉过的碳膜电阻经过数年的使用，其阻值数据不变，能满足仪表量程的准确度。同时这种锉小缺口法也适用于修正金属膜电阻。

3-21　圆珠笔在聚氯乙烯套管上编写导线标记码

🔔 口诀

电机电器引出线，管路导线标记码。

聚氯乙烯白套管，粗细合适擦干净。

圆珠笔管上写码，放置火炉上烤烤。

标码清晰不模糊，遇到汽油不褪色。(3-21)

说 明 🔍

工矿企业自制电气设备装置时，电机、电器绕组的引出线，管路两端的绝缘导线均需标有明显的标记码，以供使用时的正确连接与日常维护检修。不少单位采用白胶布上书写号码后粘于导线上的方法，或采用在白布带上写号码后捆扎在导线上的方法。这些方法既不美观，字迹也易污损。

采用在粗细合适的聚氯乙烯套管上标记码，既美观又简便。选取一段（可分为几段）粗细合适的白色聚氯乙烯套管，用布或棉纱将套管擦干净，然后用圆珠笔直接在套管上书写导线标记码，待自然干燥后放置火炉上烤一烤（使聚氯乙烯套管表面软化与圆珠笔芯液发生化学反应），即可使用。效果很好，所写标记码清晰不模糊，遇到汽油时字迹也不会褪掉。

3-22　滴上两滴润滑油排除拉线开关失灵故障

💡 **口 诀**

> 拉线开关控制灯，开闭失灵灯失控。
> 塑料控制轮两侧，控制铁拨轮之间。
> 滴上两滴润滑油，失灵故障便排除。(3-22)

说 明 🔍

用拉线开关控制的照明灯，因每天操作较频繁，故障也较多。其中常见的故障之一是开闭失灵，即铁拨轮挂不住塑料控制轮，铁拨轮空转而塑料控制轮不动，使电路不能通断，照明灯失控。此故障的处理办法是：旋开开关的盖子，在塑料控制轮的两侧和塑料控制轮与铁拨轮之间滴上 2～3 滴润滑油（如缝纫机油、变压器油等均可）。则一个即将报废的拉线开关就修复了，还能继续使用一段时间。

3-23　灯泡头涂层耐温润滑脂防止生锈

💡 口诀

　　　　有煤气蒸汽场所，装换灯泡防生锈。

　　　　泡头金属锌皮上，涂层耐温润滑脂。

　　　　灯座寿命得延长，锈牢现象不发生。(3-23)

说明 🔍

　　有腐蚀性气体的车间，如锅炉、厨房间等煤气、蒸汽较大的场所，灯泡断丝后，不论是螺口灯泡还是卡口灯泡，由于灯泡与灯座受气体浸入后生锈结牢，很难取下。所以只得连灯座一起更换，非常不便，灯座损坏率也较大。根据检修和运行实践经验，在灯泡头金属锌皮上先涂上一层耐高温润滑脂（或凡士林油）再装上去（油脂不要涂得太厚，以免受热后熔化滴下来）。这样，在下次更换灯泡时就非常便利，不再有锈牢现象，可延长灯座的使用寿命。

3-24　土豆拧取破碎灯泡

💡 口诀

　　　　白炽灯泡炸裂破，用手拧取易扎伤。

土豆切去一小片，大块切面冲破泡。

玻璃尖刺切面中，旋转土豆取破泡。(3-24)

说明

在白炽灯灯泡点燃运行中溅上冷水炸裂，或遇硬质铁木器碰破等情况下，不宜用手直接去拧取，以免扎伤。有时用钳子去拧取，不但取不下灯泡还会弄得更破碎。对此可用一个大小适当的土豆切去一小片，用大块切面冲着破碎灯泡，如图 3-9 所示。将破碎玻璃尖刺入土豆切面中，然后逆时针方向旋转土豆，便可轻松、安全地取下灯泡。

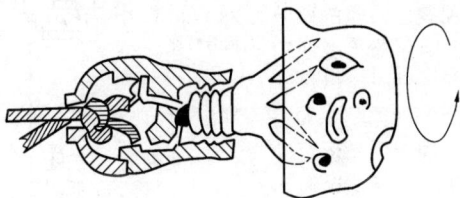

图 3-9　土豆拧取破碎灯泡示意图

3-25　软塑料管更换指示灯泡

口诀

配电盘屏控制柜，八瓦指示灯装换。

内径二十二毫米，五厘米软塑料管。

三英寸旋凿木柄，套装塑料管一半。

管随旋凿不易丢，插套灯泡易施力。

管壁套紧泡外径，旋转木柄拧灯泡。

装取灯泡均简便，螺口卡口皆适用。(3-25)

在维修配电屏（盘）和控制柜时，常常需要及时更换损坏的指示灯泡（多为 110V、8W 螺口、卡口式白炽灯泡）。但由于大部分的指示灯泡顶部露出灯座的部分很少，用手指不能把它取出来，有时需将灯座卸下拆开（见图 3-10）。因此更换一个指示灯泡经常是费时费力，很不方便。现介绍一种用软塑料管更换指示灯泡的方法。

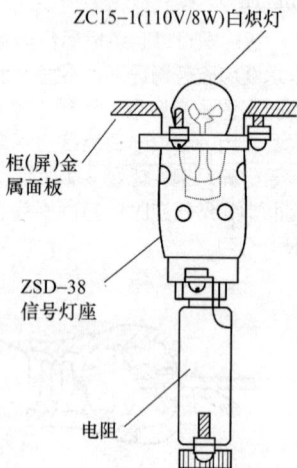

ZC15-1(110V/8W)白炽灯

柜(屏)金属面板

ZSD-38
信号灯座

电阻

图 3-10　配电屏上所装
指示灯示意图

取一段内径为 22mm、长 50mm 的软塑料管，如图 3-11 所示将管子一端套装在 75mm × 5mm 的 3in（1in = 25.4mm）旋凿木柄上，套用管子的一半长（25mm），留一半长作插套指示灯泡。测量实践得知：3in（75mm）旋凿（螺钉旋具）木柄外径与 110V、8W 指示灯泡最大外径相等，均约 23mm 左右；内径 22mm 软塑料管一端略加热便可套装在旋凿木柄上，且套紧不会脱落；旋凿木柄套塑料管后不影响其正常使用，而插套灯泡的软塑料管随其配备，不易丢失。更换指示灯泡时，手捏住旋凿木柄稍用力按，开口的软塑料管便套住指示灯泡的顶部，管内壁与灯泡最大外径圈紧密贴合。然后旋转旋凿木柄，灯泡便可方便地拧出来。装置新灯泡也很方便，将新灯泡的顶部插塞入软塑料管中，管内壁与灯泡外径圈紧贴合，套住灯泡掉不下来，如图3-11所示。旋转旋凿木柄，便可将灯泡拧上。上述是装换螺口式灯泡，更换卡口式灯泡更简便，取时套住灯泡后稍用力一按一拧便可拉出；装时将套稳的灯泡插入灯座，稍用力一按一拧便可装妥。

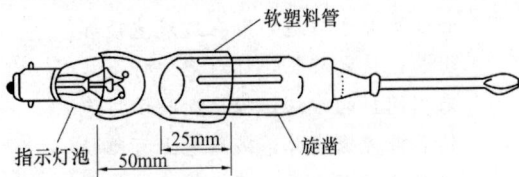

图 3-11　软塑料管更换指示灯泡示意图

　　用导线外塑料绝缘管作更换指示灯泡小工具。具体办法是：按自己日常工作的厂、车间里电气设备和各种监视仪器上不同指示灯泡直径大小，从不同规格的绝缘导线上剥截几段长约50mm的塑料绝缘管（从多股导线上截取下的塑料管，内壁粗糙有弹性，使用时能比较稳固地套紧小指示灯泡）放于指示灯泡备件盒内备用。塑料绝缘管新旧导线上都可取用，因地制宜取材方便，不需成本，随指示灯泡备件盒携带方便，使用得心应手。如果找不到合适的规格导线，可用相近的小规格导线外绝缘管加工，扩大管子端部内径后便可使用，同样可取得好效果。更换指示灯泡的方法和步骤相同：用管子的一端套住坏指示灯泡的顶部，用手捏住管子稍用力旋转就可轻易地将其拧下来。然后将新的指示灯泡的顶部套入管子（注意不要套得太深，只要卡住灯泡掉不下来就可以）拧上即可（不要拧得太紧，以备下次更换时能够拧下）。

3-26 使用医用橡皮膏更换指示灯泡

💡 **口诀**

取下指示灯外罩，剪块医用橡皮膏，
面积略大于灯泡，贴在玻璃泡顶部。
用手指按之旋转，坏灯泡便拧下来。
采用同样的方法，换上新指示灯泡。
然后撕掉橡皮膏，玻璃泡上有粘胶，
蘸点酒精擦干净，装上指示灯外罩。（3-26）

说明 🔍

维修常用电器和电测仪器仪表，如交直流稳压器、示波器、电子真空计等，常常需要及时更换损坏的指示灯。这些仪器的指示灯泡多数是螺口的，有的灯口很深，指示灯泡露在灯口外边很少，用手不能把它取下来，只好把仪器拆开。有些仪器结构复杂，有的较笨重，因此，更换一个小小指示灯泡经常是费时费力，很不方便。

使用医用橡皮膏来更换损坏的指示灯，方法简单，效果很好。先取下指示灯外罩，剪取一块比指示灯泡略大一些的医用橡皮膏贴在指示灯玻璃泡上，然后用手指按着旋转就可将指示灯泡拧下来。如果指示灯泡很小，而且露出的部分非常少，有的甚至凹在灯口里时，要用稍大一点的医用镊子，将橡皮膏贴在指示灯玻璃泡上，然后用医用镊子夹着指示灯泡使劲旋转，就可轻易把指示灯泡拧下来。

取下坏灯泡后，采用同样的方法，换上新的指示灯泡。有些设备仪器因使用年限长，灯头接触部分已经氧化，需要用大一点的劲才能把新换上的指示灯泡拧紧，使其接触好。这样有时像皮膏上的粘胶可能会沾到灯泡玻璃上，这时可用医用镊子蘸酒精或汽油将其擦干净。但有的指示灯凹进灯口较多，擦的时候不方便，对此在更换新指示灯泡前，可提前用酒精擦一下指示灯玻璃泡，然后用干布把灯泡擦干，再用上述方法将指示灯泡换上。这样，指示灯玻璃泡上基本不会带上医用橡皮膏的粘胶。

3-27　注射针头穿熔丝

口诀

熔体管内熔丝断，细铜熔丝难更换。
熔管两端先熔化，注射针头穿熔管。
熔丝顺针孔插穿，露头捏住取针头。
熔丝露头垂折弯，熔管两端封锡焊。(3-27)

说明

类似 BGXP 型密封型熔断器熔体管内的细铜熔丝（铜熔丝机械强度较高，熔丝做得较细）熔断后，如果想在熔体管内新装一根熔丝，难度极大。解决此难题的简易方法是：用注射针头可轻易把新熔丝穿入熔体管内。即先把熔体管两端头金属帽上的封锡用电烙铁熔化；再把注射针头（可利用废静脉注射针头）穿过熔体管；然后将新的同规格细铜丝插入针头针孔，顺着针孔插穿，熔丝便很快露出头，用手捏住露出的头便可取出针头，这样熔丝就轻易地穿过了熔体管，如图 3-12 所示。将熔丝折倒后把熔体管两端头封锡即可使用。

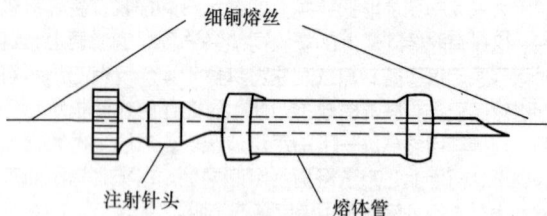

细铜熔丝

注射针头　　　熔体管

图 3-12　注射针头穿熔丝示意图

3-28　气体打火机剥绝缘电线皮

♀ 口诀

　　绝缘电线剥线头，运用气体打火机。

　　火焰对准剥切处，转动被剥切电线。

　　绝缘皮达软化状，趁热用手切剥除。(3-28)

说明

　　气体打火机的火焰温度较高可用于塑料绝缘电线的剥皮。如图 3-13 所示，将打火机的火焰对准欲剥切处，并同时转动被剥切的绝缘电线。使电线绝缘皮受热达软化状态时，熄灭打火机，趁热用手剥除电线绝缘皮即可。这种剥线头的方法，速度比用钢丝钳或电工刀剥线速度快，而且不伤损线芯。

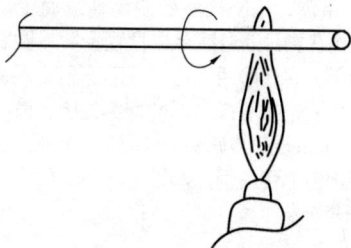

图 3-13　打火机剥绝缘电线皮示意图

3-29　电烙铁头剥制屏蔽线头

💡 **口诀**

> 剥制屏蔽线线头，运用电烙铁铜头。
> 屏蔽线外层护套，温热烙铁烫条沟。
> 沟长依使用而定，烫圈撕去这段皮。
> 开剥处露屏蔽网，镊子拨开一小孔。
> 孔中抽出芯线头，烫剥端头绝缘层。
> 金属芯线屏蔽层，焊接部位焊上锡。(3-29)

🔍 **说明**

在广播、电视、通信、自动化等装置中广泛使用金属屏蔽线，其线头剥制一般采用解开金属屏蔽网并分丝理顺，然后抽出芯线，再绞合屏蔽网金属丝的方法。这样制作速度慢，还容易损伤屏蔽金属丝。而用电烙铁头剥制屏蔽线线头简便、快速，不会损伤屏蔽金属丝。

先用温热的小功率电烙铁头在屏蔽线外层绝缘护套上直接烫开一条沟，沟的长度依使用情况而定，如图 3-14（a）所示。再在剥开处沿绝缘护套轻轻烫一圈后，撕去这段护套，如图 3-14（b）所示。然后在开剥处用镊子把屏蔽网拨开一个小孔，把芯线从屏蔽网中抽出。最后仍用电烙铁头烫去约 5mm 长芯线端头绝缘层，并分别把金属芯线和屏蔽层焊接部位上锡待用，如图 3-14（c）所示。

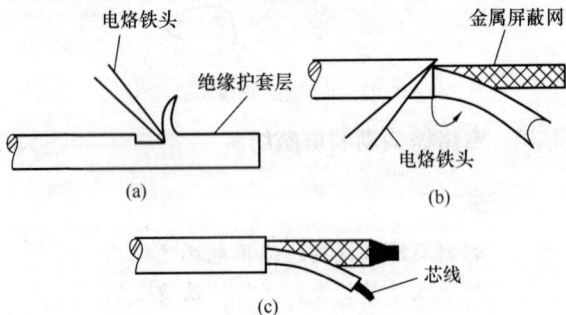

图 3-14 电烙铁头剥制屏蔽线头示意图
(a) 绝缘护套层上烫开一条沟；(b) 护套开剥处烫一圈；
(c) 芯线和屏蔽层焊接部位上锡

3-30 电烙铁加热旋凿杆拧取塑料壳洞中螺钉

口诀

电器装置塑料壳，固定螺钉深洞中。
拧得太紧旋不动，无法开壳搞检修。

旋凿刃顶螺钉沟,烙铁加热金属杆。

螺钉传热塑料软,旋凿顺利松螺钉。(3-30)

说明 🔍

有的电器塑料外壳上有些深圆洞,螺钉在其深处拧紧,用以固定外壳。如果螺钉拧得太紧而无法将其松动拧出,其他工器具又因螺钉在洞内够不着。则可将旋凿刃顶在螺钉顶端沟上,另一只手持电烙铁加热旋凿金属杆。过一会儿,热量通过旋凿金属杆传递给洞中螺钉,螺钉受热传递使塑料变软。这时旋凿便可顺利地将螺钉拧出。由于加热时间短,热量不大,塑料外壳不会变形损坏。

采用电烙铁加热旋凿金属杆拧取塑料壳深洞中螺钉时要注意:要选用柄部不怕烫的旋凿;当小功率电烙铁热量不够时,改用更大功率的电烙铁;采取措施使旋凿尽可能与螺钉充分接触,增大传热面积,缩短加热时间。

3-31 小块磁铁吸附于旋凿杆上取装螺钉

💡 口诀

深洞隙缝处螺钉,装置拆取较艰苦。

旋凿杆上附磁铁,刃头吸稳小螺钉。

安然装置正准位,拆取中途不掉落。(3-31)

说明 🔍

在修理或安装电器时,常会遇到有些小螺钉因安装位置不佳(如在元器件隙缝、深洞处),而不易将其旋入或拆取时掉落丢失的情况。此时,取一小块磁铁吸附于旋凿金属杆上端（磁性越大越好）。这时旋凿金属杆的磁性大大加强，再用此旋凿去拆取或装置螺钉时，螺钉就不会中途掉落，故能准确地安置和轻松地拆取，从而快速拆装，提高工作效率。

3-32　用泡泡糖残胶做粘附物取装旮旯处螺栓

💡 **口诀**

> 买粒泡泡糖嘴嚼，吹泡后将其取出，
> 用水冲洗甩掉水，用手指捏搓成卷。
> 取一段残胶细卷，与旋凿刃垂直放，
> 折粘贴凿刃两面，刃部两端均裸露。
> 旋凿伸至旮旯处，插进螺栓顶沟内，
> 残胶便粘贴顶部，螺栓拧出螺孔后，
> 依靠残胶粘附力，螺栓随旋凿取出。
> 安装旮旯处螺栓，其操作过程相反。
> 粘贴残胶旋凿刃，顶插进螺栓顶沟，
> 依靠残胶粘附力，将螺栓送入螺孔。
> 拧紧螺栓后凿刃，稍离开顶沟一点，
> 旋凿做圆周晃动，同时将其提起出。(3-32)

🔍 **说明**

旮旯处的螺栓（螺钉），如表计内层螺栓、家电与开关深处螺栓以及电磁启动器内底处的螺栓等，由于位置憋脚，加之螺栓细小，不便持牢，因而在这些部位拆卸取出或安装拧上螺栓都是十分棘手的难事。

用泡泡糖残胶做粘附物，取装旮旯处的螺栓成功率极高，而且操作简便顺手。其具体操作方法如下：

　　（1）买一粒泡泡糖，嘴嚼吹泡后欲弃之时将其取出，用清水冲洗一下并甩掉水分，然后用手指捏搓成细卷。卷之粗细视所用的旋凿和被取装的螺栓大小而定。

　　（2）将泡泡糖残胶细卷与旋凿刃部垂直放置，然后折起平均粘贴附于旋凿刃的两面，刀刃的两端都应有裸露部分，以便插入螺栓顶沟，如图3-15所示。对十字头旋凿也这样做。

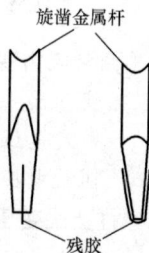

图 3-15　旋凿刃面贴残胶

　　将上述粘贴有泡泡糖残胶的旋凿顶进旮旯处的螺栓顶沟内，这时残胶便与螺栓的顶部吻合粘贴，为将螺栓拧出螺孔后，便可依靠残胶粘力将螺栓提起取出。将螺栓拧入旮旯处的螺孔内，其操作过程相反。依靠残胶的粘力将螺栓送入螺孔后拧紧。提旋凿时应先将旋凿刃离开螺栓顶沟一点距离，然后将旋凿稍作圆周晃动的同时将其提起。这样残胶不会滞留于螺栓顶部，全部由旋凿刃的两面所贴残胶带出。

　　使用泡泡糖残胶，由于其粘力适度，又具有较好的韧性，因而能够取得既可粘附螺栓，又能与螺栓无滞留地分离的良好效果。用泡泡糖残胶做粘附物取装旮旯处的螺栓，因其成功率极高，所以能较大地提高工效。

　　泡泡糖残胶用过后，从旋凿上取下，用清水洗过后甩掉水分包于塑料膜内，以备下次再用。另外，泡泡糖残胶和橡皮泥相似，存放一两年时间（保存在塑料薄膜内）残胶不干，稍做捏搓粘力即恢复，仍可继续使用。

附录 电工口诀（操作篇）

第1章 强制性操作规范

1-1 两台电力变压器并联运行四条件

变压器并联运行，必须满足四条件。

额定电压比相等，联结组标号相同。

阻抗电压要一致，容量不超三比一。 (1-1)

1-2 柱上式变压器台的安装要求

柱上式变台安装，台底距地两米半。

保持水平不倾斜，一比一百斜度限。

进出采用绝缘线，根据容量定截面。

铜线最小一十六，铝线最低二十五。

两侧各装熔断器，器地保持安全距。

高压最小四米五，低压不低三米半。 (1-2)

1-3 架空线路导线连接的规定要求

架空裸导线连接，遵守有关诸规定。

金属规格及绞向，三个不同不能连。

一个档内每根线，不得超过一接头。

接头距离固定点，不应小于半米远。

铝线连接钳压法，铜线插接钳压法。

接头电阻不可大，最大等长线电阻。

接头机械强度值，不低导线点九五。

铜铝过渡线夹头，耐张跳线处连接。　(1-3)

1-4　低压架空裸导线对地面的最小净距离

低压架空裸导线，对地最小净距离。

具体区域规定米，六五四三依次取。

城镇村庄居住区，车辆农机常到区。

交通很困难区域，步行可到山坡梁。

山崖峭壁人难到，最小净距是一米。　(1-4)

1-5　直埋敷设电缆的施工要求

直埋敷设电缆线，沟深超过冻土层。

一般最浅点七米，机耕农田须一米。

沟底良好软土层，否则铺层细沙土。

地势高低有起伏，沟底顺势要平缓。

拐转弯曲率半径，电缆外径十五倍。

电缆上盖层细土，然后覆盖保护板。

回填素土须夯实，地面路径设标桩。　(1-5)

1-6　高压户外式穿墙套管的安装

高压穿墙瓷套管，两端形状不相同。

凹凸波纹形状端，必须装置于户外。　(1-6)

1-7　母线涂色漆标准和作用

母线涂色漆标准，直流蓝负赭红正。

交流相序黄绿红，接地中性线紫色。

白不接地中性线，紫底黑条保护线。

母线涂漆作用大，识别相序防腐蚀。

增大了辐射能力，改善了散热条件。

引起注意防触电，提高允许载流量。 (1-7)

1-8 交流母线的排列方式和位置

配电屏柜内母线，屏前看去的方位。

交流第一二三相，垂直排列上中下。

水平排列两规律，后中前和左中右。 (1-8)

1-9 电焊机二次绕组的接地或接零

电焊机二次绕组，焊件与其相接端。

必须接地或接零，要求接点只一个。

实施正确接线法，以免烧坏保护线。

二次绕组和外壳，设置独立接地体。

焊件已接地或零，绕组不再接地零。 (1-9)

1-10 电动机轴承润滑脂的正确选用

电机轴承润滑脂，中等黏度油膏状。

常见基脂会选用，牌号不同不混用。

钙基淡黄暗褐色，不耐高温抗水强，

五个牌号三温限，高温场合不宜用，

高速轻载封闭式，离心水泵电动机。

钠基深黄暗褐色，不抗水来耐高温，

四个牌号三温限，潮湿场合不能用，

低速重载开启式，小型轧钢机电机。

钙钠基脂深棕色，抗水性强耐高温，

两个牌号两温限，水蒸气场合使用，

替代钙基和钠基，锅炉送风机电机。

锂基脂中加三剂，防锈极压抗氧化，
多效长寿通用型，替代钙钠基使用，
四个牌号四温限，新系列节能电机。(1-10)

1-11 带负荷错拉合隔离开关时的对策

手动装置绝缘棒，错拉合隔离开关。
错合开关有电弧，合上不准再拉开。
错拉开关双刀片，刚离开固定触头，
便见有电弧发生，立即停拉变速合；
开关已全部拉开，不许将其再合上。
三相线路上安装，单极式隔离开关，
发生一相错拉后，其他两相不操作。(1-11)

1-12 进户线进屋前应做滴水弯

进户线用绝缘线，进屋前做滴水弯。
弧形导线弓子线，线条垂状流水快。
松弛垂下最低点，割开一个小豁口，
设备管辖分界点，倒人字形弓子线。(1-12)

1-13 管内低压线路敷设的要求

低压线路管配线，管内穿导线要求。
橡胶塑料绝缘线，不低交流五百伏。
导线最小截面积，铜一铝为二点五。
导线占管内面积，不超百分之四十。
管内导线无接头，接头置于接线盒。
不同回路电压线，不得穿在同根管。
同一交流回路线，穿在同根钢管内。(1-13)

1-14 钢管配线暗敷设时的管路要求

线管配线暗敷设，钢管管路之要求。

直埋地下厚壁管，经过镀锌或涂漆。

管子不应有裂缝，管内清净无毛刺。

管子连接用束节，外加焊铜线跨接。

管子弯曲率半径，等于六倍管外径。

管线长加接线盒，管盒固定螺母夹。

管口均加装护圈，保护导线绝缘层。

管线接地防漏电，远离暖气热力管。(1-14)

1-15 手动弯管器弯曲电线管操作规范

薄壁钢管电线管，手动弯管器煨弯。

八号铁线弯样板，以便于对照检查。

弯曲部位作标记，弯管器套起弯点。

焊缝作为中间层，切忌放在内外侧。

脚踩管子扳手柄，稍加用力管翘弯。

逐点移动弯管器，重复前次两动作。

直至标记处末端，弯曲角度达需求。(1-15)

1-16 鼓形绝缘子配线绑扎法规范

鼓形绝缘子配线，绝缘子上绑导线。

导线敷设的位置，均放绝缘子同侧。

绑线导线相匹配，同一回路同规格。

配线六平方单花，十平方以上双花。

终端应绑回头线，公圈十二单圈五。(1-16)

1-17 塑壳式断路器和三相刀开关应垂直正装

低压塑壳断路器，开启式负荷开关。

垂直正装是规定，横平倒装都不对。

上侧引入电源线，下侧接出负载线。

进出导线不颠倒，否则容易出事故。(1-17)

1-18 电动葫芦应加有由接触器构成的总开关

电动葫芦总开关，应加接触器构成。

故障紧急情况下，快速安全断电源。(1-18)

1-19 负荷开关配带的熔断器必须安装在电源进线侧

负荷开关熔断器，两者常配合使用。

装配熔断器开关，安装时候要注意：

电源进线装哪侧，熔断器装在同侧。(1-19)

1-20 螺旋式熔断器接线规范

螺旋式的熔断器，装接进出线规范。

瓷套中心进电源，接底座下接线端。

螺壳和出线相连，接底座上接线端。

旋出瓷帽换芯子，螺纹壳上不带电。(1-20)

1-21 装接熔丝的规范操作

装接熔丝要规范，停电验电后进行。

端子垫片擦干净，容量长度选适宜。

容量不足用两根，平行并接不扭绞。

中段曲弯显余量，两端顺时针绕圈。

圈径合适不重叠，平垫压住装螺钉。

旋拧螺钉慢轻稳，不能带着垫圈转。(1-21)

1-22　安装吸油烟机三要点

吸油烟机效果好，安装注意三要点：

高度选择要适当，锅台面上约一米；

安装角度达要求，前端上仰三四度；

排气管道走向顺，拐弯次数尽量少。(1-22)

1-23　灯头线必须在吊盒和灯座内挽保险结

软线吊灯灯头线，绝缘良好无接头。

吊线盒及灯座内，软线必挽保险结。

盒座外壳承灯重，接线螺钉不受力。

避免导线头松脱，相线中性线短路。(1-23)

1-24　螺口灯头接线规范

螺口灯头装修换，接线一定要规范。

相线串接灯开关，后接灯头中心点。

中性线直进灯座，接到灯头螺纹上。(1-24)

1-25　日光灯的正确接线方式

日光灯接线要诀，开关装在相线上。

灯管启辉器并连，相线串接镇流器。

相线接灯管管脚，连启辉器动电极。

中性线接灯管管脚，连启辉器静电极。(1-25)

1-26　有转动设备车间里日光灯安装规范

有转动设备车间，采用日光灯照明。

不论负荷量大小，三相四线制供电。

为消除频闪效应，灯要逐个分相接。

若单相电源供电，须采用移相接法。(1-26)

1-27　高压汞灯和碘钨灯的安装要求

高压汞灯碘钨灯，安装要求比较多。
额定电压要相符，电源电压波动小。
点燃之后温度高，周围散热空间大。
高压汞灯垂直装，横向安装易自灭。
启动过程时间长，频繁开闭处不装。
水平安装碘钨灯，小于四度倾斜角
灯丝脆弱易折断，震动场所不宜装。(1-27)

1-28　检修电气设备时的"拉郎配"

理论知识学得少，常犯下面这些错。
六千伏供电系统，十千伏级避雷器。
保护配变避雷器，装设管型避雷器。
纺织专用电机坏，竟用一般电机代。
行灯变压器损坏，自耦变压器替代。
晶闸管过流保护，普通低压熔断器。
室内塑料管配线，配套装铁接线盒。
交流直流继电器，电压相同互代替。
同一电源系统中，不同材料接地体。
电烤箱门玻璃坏，用普通玻璃替换。
不同瓦数日光灯，镇流器互换使用。(1-28)

1-29　电气设备添加油规范

电气设备添加油，过多过少危害大。
少油断路器油位，保持在规定范围。

变压器正常油面，油面计指示中间。

电机轴承润滑脂，占空腔容积一半。

录音机含油轴承，三至五年不加油。(1-29)

1-30　调换熔体时八不能规则

负荷开关熔断器，调换熔体八不能。

调换熔体要断电，不能带电冒险干。

熔断原因未查清，不能贸然换熔体。

负荷未变换熔体，容量等级不能变。

同一负荷开关内，不同熔体不能装。

彩电延迟型熔丝，普通熔丝不能用。

填石英砂熔断管，额定电压不能错。

螺旋熔断器熔体，工作方式不能改。

瓷插熔断器座内，石棉布垫不能取。(1-30)

1-31　接地技术学问深，似怪非怪有讲究

接地技术学问深，似怪非怪有讲究。

农村配电变压器，中性点直接接地；

矿井配变变压器，中性点不许接地。

三相自耦变压器，中性点必须接地；

三相电力变压器，中性点可不接地。

机床照明变压器，二次绕组必接地；

机床控制变压器，二次绕组不接地。

三芯高压电缆线，铅包两端都接地；

单芯高压电缆线，铅包只一端接地。

高压电流互感器，二次回路应接地；

低压电流互感器，二次回路不接地。

低压照明三十六，电源一端必接地；

安全电压的电路，保持悬浮不接地。(1-31)

第2章 操作顺序和经验

2-1 倒闸操作九程序

倒闸操作九程序：发布接受任务令。

填写倒闸操作票，逐级审票签批准。

核对性模拟操作，发布正式操作令。

现场核票和操作，复查汇报作记录。 (2-1)

2-2 "二点一等再执行"现场倒闸操作法

二点一等再执行，倒闸操作人程序。

先指点设备铭牌，后指点操作对象。

等监护核对无误，发令执行再操作。 (2-2)

2-3 电力变压器控制开关的操作顺序

变压器控制开关，停送电操作顺序。

停电先拉负荷侧，然后再拉电源侧。

送电操作恰相反，先电源来后负荷。 (2-3)

2-4 断路器两侧隔离开关的操作顺序

变电所输电线路，断路器两侧刀闸。

停电时倒闸操作：首先拉开断路器，

再拉线路侧刀闸，后拉母线侧刀闸。

送电时倒闸操作：先合母线侧刀闸，

再合线路侧刀闸，最后闭合断路器。 (2-4)

2-5 拉合跌落式熔断器时的正确顺序

高压跌落熔断器，拉合时正确顺序。

拉时先断中间相，然后再拉背风相。

最后拉开迎风相，合时顺序恰相反。 (2-5)

2-6 拉合单极隔离开关时的正确顺序

单极隔离开关闸，使用绝缘棒操作。

拉闸先拉中间相，然后再拉两边相。

合闸先合两边相，最后合上中间相。 (2-6)

2-7 手动拉合隔离开关时应按照慢快慢过程进行

隔离开关两操作，手动闭合和拉开。

遵循慢快慢进行，连贯完成三过程。 (2-7)

2-8 蓄电池充电完毕后的操作程序

使用铅酸蓄电池，充电工作经常干。

蓄电池充电完毕，操作程序要记牢。

先断充电机电源，后取端头上夹钳。 (2-8)

2-9 高处作业站立法

高处作业较危险，四面临空要站稳。

杆上作业束腰带，脚扣定位站立法。

脚扣扣身压扣身，同水平线站两脚。

登高板登杆作业，踏板定位站立法。

两脚内侧夹电杆，臀部压靠踏脚板。

梯上作业站立法，梯顶不低于腰部。

一腿跨入梯横档，脚背勾住阶横木。 (2-9)

2-10　钢锯锯割金属材料法

钢锯锯条安装法，锯齿尖端朝前方。
锯条合适松紧度，蝶形螺母手旋紧。
被割金属工器件，夹在台虎钳固定。
右手满握住手柄，左手扶稳锯架头。
起锯角度取适合，来回推拉一直线。
前推锯条全用到，锯条回拉不加压。
锯割速度施压力，金属软硬来决定。(2-10)

2-11　活扳手两握法

活扳手旋动螺母，规格选用要适当。
扳动大螺母握法，满手握在手柄上。
手的位置越往后，扳动起来越省力。
扳动小螺母握法，手应握在近头部。
拇指按着涡轮，随时方便调扳口。
扳唇恰夹住螺母，否则扳口会打滑。
扳时活扳唇一侧，放在靠近身一边。
扳手反过来使用，扳唇极易受损伤。(2-11)

2-12　锤子三挥法

手握锤子木柄尾，虎口对准铁锤头。
拇指食指始终握，锤击錾子瞬间。
中指无名指小指，一个接一个握紧。
挥动手锤时相反，三指反次序放松。
挥锤三法好记名，腕挥肘挥和臂挥。
腕挥只是手腕动，击力最小始尾用。

肘挥前臂带腕动，击力较大应用广。

臂挥整条胳膊动，击力最大较少用。(2-12)

2-13 朝天打榫孔方法

手工朝天打榫孔，满手反握锤柄梢。

圆头靠近肘前臂，上臂身体间夹紧。

前臂运动向上甩，带动锤头击墙冲。

无需抬头和侧身，锤击力大易施力。(2-13)

2-14 线路施工放线法

裸绞线线盘放线，沿着线路拉线走。

逐挡吊线上电杆，嵌入悬挂滑轮内。

整圈护套线不乱，套入双手中捧夹。

外圈取头牵拉着，一圈一圈展放线。

整圈绝缘线卧妥，取处于内圈线头。

站立提拔展放线，有人牵头向前走。(2-14)

2-15 高压跌落式熔断器熔丝防挣断法

高压跌落熔断器，熔丝防止挣断法。

标准熔丝选配好，安装之时放松些。

熔丝熔丝管两端，保证良好电接触。

采用适当尼龙线，拉紧熔丝管两端。

尼龙线绳的股线，拉紧操作时不断。(2-15)

2-16 电工操作八大怪

电工操作八大怪，似怪非怪情理在。

变压器注油放油，都用下面底油阀。

配变电压呈现低，分接开关换低挡。

拉掉跌落熔断器，抵住鸭嘴向上捅。

塑壳断路器合闸，有时须再扣操作。

晶闸管整流装置，不接负载无电压。

安装单相电能表，定位螺钉不拧紧。

低压带电作业时，强调一只手操作。

电容器组重合闸，强调须等三分钟。(2-16)

2-17　得不偿失九做法

捡了芝麻丢西瓜，得不偿失九做法。

跌落熔断器熔丝，使用铜铝线代替。

油开关外壳接地，借用配变中性线。

水泥电杆中钢筋，兼作接地引下线。

架设低压架空线，不装拉线绝缘子。

水泥石灰粉层墙，直接埋置塑料线。

同台直流电动机，装不同牌号电刷。

自耦调压变压器，两极插头接电源。

交流电焊接设备，接线螺钉铁垫圈。

家电保安接地线，引接避雷针接地。(2-17)

2-18　画蛇添足九误区

弄巧成拙做蠢事，画蛇添足九误区。

防雷装置引下线，套入钢管加保护。

单芯高压电缆线，铅包两端都接地。

矿井供电总开关，自动重合闸装置。

三相四线制线路，中性线装熔断器。

新电动机要使用，更换轴承润滑油。

银基合金银触头，刮掉黑色氧化物。

接触器铁心极面，防锈涂抹一层油。

机床工作台照明，改造换成日光灯。

新式彩色电视机，装设接地保护线。(2-18)

2-19 母线连接处过热的处理方法

母线连接处过热，迅速转移其负荷。

电风扇强制冷却，应尽快安排检修。

拆开母线排接头，接触处涂导电膏。

非接触部分刷漆，以提高散热系数。

对接螺栓旋紧时，松紧程度要适当。

如果更换新母排，搭接长度达要求。

接触面上宜搪锡，麻面处理也可以。(2-19)

2-20 大电流接触器触头发热的处理办法

连接铜辫动触头，先用螺栓来压紧；

再使黄铜焊条焊，气焊焊接三个面；

焊好螺栓要去掉，锉刀修整很必要；

触头若有烧伤点，银合金焊条可补。(2-20)

2-21 电动机直观接线法

单路绕组电动机，宜用直观接线法。

定子嵌好极相组，六个分成一群剖。

分开首尾出线头，隔两一对头连接。

先接同群三对头，后连群间三对头。

剩余相邻六线头，相隔成为相尾首。(2-21)

2-22　更换农用电动机轴承应内紧外松点

农用电动机轴承，内紧外松更换法。

过盈配合内圈轴，过渡配合外圈孔。(2-22)

2-23　柱上油断路器进线电缆应做滴水弯

柱上多油断路器，进线电缆滴水弯。

电缆弯悬下垂弧，弧底切破开个口。(2-23)

2-24　电气设备平板接头连接时正确拧紧螺栓法

电气接头接触面，压力越大非越好。

平板接头紧螺栓，应用定力矩扳手。

倘若使用活扳手，正确旋紧螺母法。

先用较大力旋紧，然后将螺母起松。

用力再旋紧螺母，紧至弹簧垫压平。(2-24)

2-25　桥式起重机操作中四不宜

门式桥式起重机，操作注意四不宜。

换挡中途的停留，时间不宜太长久。

下降较重负载时，转子不宜串电阻。

若遇制动器不灵，不宜打反挡制动。

大车带负载行驶，不宜长时间偏重。(2-25)

2-26　检修户内式少油断路器操作中四不能

户内少油断路器，拆卸检修四不能。

发生事故跳闸后，不能立即拆检查。

拆卸检修组装时，不能漏装止回阀。

调整导电杆行程，无油不能速分闸。

放净脏油注新油，油箱不能加满油。(2-26)

2-27　巡线任重道远经验谈

架空线路五巡视，任重道远事繁缛。

三查明四方面看，围绕杆基转一圈。

挡距中间站一站，顺着线路看两边。(2-27)

2-28　三先操作法

安全三先操作法，做活之前先想想。

停送电前先通知，操作之前先检查。(2-28)

2-29　低压带电作业时安全操作三原则

低压带电作业时，安全操作三原则。

做到与大地隔绝，避免线地间触电。

先分断电流回路，防介入回路触电。

采取单线操作法，避免两线间触电。(2-29)

2-30　电气设备检修经验六先后

电气设备有故障，检修经验六先后。

设备机电一体化，先机械来后电路。

实施方式和方法，先简单来后复杂。

先外部调试排除，后处理内部故障。

先静态测试分析，后动态测量检验。

遵循先公用电路，后专用电路顺序。

先检修常见通病，后攻克疑难杂症。(2-30)

2-31　识读电气图基本方法五结合

识别读懂电气图，基本方法五结合。

电工电子两技术，基本理论和常识。

元器件结构原理，规范性典型电路。

电气图绘制特点，其他专业技术图。(2-31)

第3章　窍门技巧简捷法

3-1　錾截冷拆法拆除电动机旧绕组

拆除电动机绕组，手工錾截冷拆法。

木工凿子扁平錾，錾铲绕组任一端。

紧贴铁心逐槽铲，切口与槽口齐平。

铁皮剪刀或钢锯，断开绕组另一端。

锤击合适径铜棒，冲出槽中漆包线。(3-1)

3-2　检测电动机定子绕组端部与端盖间空隙大小

电机大修换绕组，定子绕组嵌完线。

绕组端部端盖间，空隙大小巧测检。

绕组端部等距离，粘贴四块小纸板。

端盖扣上转一周，取下端盖看纸板。

没有磨碰损痕迹，空隙正常不碰壳。

纸板碰坏空隙小，绕组重绑扎整形。(3-2)

3-3　用交流电焊机干燥低压电动机

交流焊机作电源，干燥受潮电动机。

抽出电动机转子，定子绕组吹干净。

绕组接成一路串，并接焊机二次侧。

进行通电干燥前，输出调到最小值。

启动焊机调铁心，均匀调节电流值。

观察钳形电流表，逐步达到规定值。

如此干燥一小时，然后断电测绝缘。

直至绝缘达标准，并需稳定数小时。 (3-3)

3-4　油煮法拆除手电钻转子绕组

修理手电钻转子，拆除绕组油煮法。

槽锲锯割开转子，放在金属容器里。

注入柴油加热煮，热至绝缘漆软化。

夹住转子轴取出，绕组端部速剪断。

接着手持尖嘴钳，趁热拉出绕组边。

如此反复热煮拆，线圈全部拉出来。 (3-4)

3-5　快速去除直流电动机转子旧线圈端部焊锡法

直流电动机转子，利用旧线圈重绕。

烧去线圈绝缘前，去除线头部焊锡。

线头先浸锡锅内，取出甩掉附着锡。

后将线圈穿一起，端部朝下并排齐。

头浸硝酸溶液中，时间三至五分钟。

取出清水冲干净，线头去锡显出铜。 (3-5)

3-6　挖空示温蜡片中心处粘贴法

监视接头发热状，示温蜡片粘贴牢。

金属贴面擦干净，蜡片贴面刀削平。

蜡片中心挖空洞，挖去部分涂厚漆。

按贴蜡片稍用力，蜡片底部溢出漆。

挖空部分油漆干，蜡片牢粘接头处。 (3-6)

3-7　热碱水溶液清除瓷套管污垢

瓷套管表面污垢，碱水溶液清除法。

碱水溶液九十度，套管放置溶液中。

浸泡三至四小时，取出水洗净烘干。（3-7）

3-8 水浮泥汤擦洗绝缘子

水浮泥汤易调制，取细淤泥土层土。

放清水桶中浸泡，半个小时后搅拌。

稀泥汤后停止搅，静置三四分钟后。

砂粒硬物沉水底，取用上层浮泥汤。

倒入干净桶使用，破布沾水浮泥汤。

细心擦洗绝缘子，残留泥污沾水擦。

最后使用干破布，擦拭干净绝缘子。（3-8）

3-9 银浆覆盖充油设备基础面油污脏迹

充油设备基础面，油污脏迹银浆盖。

银浆配制三种料，一份浮性铝银浆，

加同份稀料溶开，八份清漆搅拌匀。

刷蘸银浆混合液，涂刷一遍基础面。

油污脏迹全覆盖，晾干牢固有光泽。（3-9）

3-10 聚氯乙烯管加热套接法

聚氯乙烯管管路，连接加热套接法。

管口锉圆滑斜面，另管端用火烤软。

拿稳锉斜面管端，插入烤软端管口。

慢慢转动稍用力，旋钻纵深烤软管。

推进管口六厘米，两管端包衬相连。

分开两管相反转，同时用力向外拉。

两管再需相连接，此时只需直接插。（3-10）

3-11　蛇皮管做填充材料热弯硬质塑料管

蛇皮管做填充料，热弯硬质塑料管。

选用蛇皮管外径，略小塑料管内径。

自由穿进塑料管，管置电炉盘上方。

均匀加热弯曲段，待烤软后即可弯。

自然冷却定形后，抽出管内蛇皮管。(3-11)

3-12　金属软管截断法

金属软管锯割断，须用木块做夹具。

根据软管外直径，木块钻个略大孔。

垂对圆孔直径面，中部开条锯口槽。

固定木块穿软管，软管断位恰对槽。

锯条顺槽缝下锯，轻松自如推拉锯。

金属软管易截断，断口整齐不松散。(3-12)

3-13　用石蜡煮清除镇流器沥青

清除镇流器沥青，应用石蜡熔液煮。

粘有沥青硅钢片，伙同固态石蜡块，

同放一个容器内，放置炉火上加热。

石蜡沥青都溶解，沥青漂浮石蜡上，

除掉沥青溶液后，捞出硅钢片甩干。(3-13)

3-14　玻璃屑连接电热丝烧断的接头

玻璃砸碎玻璃屑，米粒大小或粉末。

电热丝烧断断头，清除干净氧化物，

再把这两个断头，互缠两三圈连接。

在电热丝通电后，玻璃屑放接头处，

功率大用米粒状，功率小用粉末状，

待玻璃屑熔化后，接头则连接牢固。(3-14)

3-15　烧毛的电气接线螺桩用尖嘴钳套丝

遇接线螺桩烧毛，造成螺母难拧紧。

板牙绞手圆板牙，取出套在螺桩上。

尖嘴钳插切削孔，旋转钳柄来套丝。

太紧借助活扳手，唇夹钳转轴上扳。(3-15)

3-16　铜导线与电器针孔式接线桩头的连接法

针孔式接线桩头，孔顶部设置螺钉。

旋紧螺钉压线头，完成线器电连接。

孔较线芯直径大，端头略折翘向上。

线径较小孔径大，线折双股并列插。

容量较大要求高，两枚螺钉旋紧法。

先紧近端口螺钉，后旋拧紧第二枚。

然后同次序加拧，反复加拧需两次。(3-16)

3-17　静铁心座槽内垫纸片消除交流接触器噪声

小型交流接触器，还有中间继电器。

使用日久有噪声，扰人不安减寿命。

静铁心座定位槽，内衬绒布片变薄。

加入两层纸垫片，立竿见影除噪声。(3-17)

3-18　自锁电路串开关启动按钮具有启动和点动两功能

电力拖动电动机，单只接触器控制。

自锁电路串开关，启动按钮两功能。

开关闭合能自锁，开关断开能点动。(3-18)

3-19　在运行仪表盘上钻孔时防止钻屑散落法

仪表盘上打钻孔，防止钻屑散落法。

放置圆环形磁铁，圆环中心对钻孔。(3-19)

3-20　锉小缺口法修正碳膜电阻阻值

碳膜金属膜电阻，修正电阻值简法。

标称电阻值偏小，电阻上面锉缺口。

阻值随深度增大，锉时要用电桥测。

阻值达到需要值，防潮清漆涂缺口。(3-20)

3-21　圆珠笔在聚氯乙烯套管上编写导线标记码

电机电器引出线，管路导线标记码。

聚氯乙烯白套管，粗细合适擦干净。

圆珠笔管上写码，放置火炉上烤烤。

标码清晰不模糊，遇到汽油不褪色。(3-21)

3-22　滴上两滴润滑油排除拉线开关失灵故障

拉线开关控制灯，开闭失灵灯失控。

塑料控制轮两侧，控制铁拨轮之间。

滴上两滴润滑油，失灵故障便排除。(3-22)

3-23　灯泡头涂层耐温润滑脂防止生锈

有煤气蒸汽场所，装换灯泡防生锈。

泡头金属锌皮上，涂层耐温润滑脂。

灯座寿命得延长，锈牢现象不发生。(3-23)

3-24　土豆拧取破碎灯泡

白炽灯泡炸裂破，用手拧取易扎伤。

土豆切去一小片，大块切面冲破泡。

玻璃尖刺切面中，旋转土豆取破泡。（3-24）

3-25　软塑料管更换指示灯泡

配电盘屏控制柜，八瓦指示灯装换。

内径二十二毫米，五厘米软塑料管。

三英寸旋凿木柄，套装塑料管一半。

管随旋凿不易丢，插套灯泡易施力。

管壁套紧泡外径，旋转木柄拧灯泡。

装取灯泡均简便，螺口卡口皆适用。（3-25）

3-26　使用医用橡皮膏更换指示灯泡

取下指示灯外罩，剪块医用橡皮膏，

面积略大于灯泡，贴在玻璃泡顶部。

用手指按之旋转，坏灯泡便拧下来。

采用同样的方法，换上新指示灯泡。

然后撕掉橡皮膏，玻璃泡上有粘胶，

蘸点酒精擦干净，装上指示灯外罩。（3-26）

3-27　注射针头穿熔丝

熔体管内熔丝断，细铜熔丝难更换。

熔管两端先熔化，注射针头穿熔管。

熔丝顺针孔插穿，露头捏住取针头。

熔丝露头垂折弯，熔管两端封锡焊。（3-27）

3-28　气体打火机剥绝缘电线皮

绝缘电线剥线头，运用气体打火机。

火焰对准剥切处，转动被剥切电线。

绝缘皮达软化状，趁热用手切剥除。(3-28)

3-29　电烙铁头剥制屏蔽线头

剥制屏蔽线线头，运用电烙铁铜头。

屏蔽线外层护套，温热烙铁烫条沟。

沟长依使用而定，烫圈撕去这段皮。

开剥处露屏蔽网，镊子拨开一小孔。

孔中抽出芯线头，烫剥端头绝缘层。

金属芯线屏蔽层，焊接部位焊上锡。(3-29)

3-30　电烙铁加热旋凿杆拧取塑料壳洞中螺钉

电器装置塑料壳，固定螺钉深洞中。

拧得太紧旋不动，无法开壳搞检修。

旋凿刃顶螺钉沟，烙铁加热金属杆。

螺钉传热塑料软，旋凿顺利松螺钉。(3-30)

3-31　小块磁铁吸附于旋凿杆上取装螺钉

深洞隙缝处螺钉，装置拆取较艰苦。

旋凿杆上附磁铁，刃头吸稳小螺钉。

安然装置正准位，拆取中途不掉落。(3-31)

3-32　用泡泡糖残胶做粘附物取装旮旯处螺栓

买粒泡泡糖嘴嚼，吹泡后将其取出，

用水冲洗甩掉水，用手指捏搓成卷。

取一段残胶细卷，与旋凿刃垂直放，

折粘贴凿刃两面，刃部两端均裸露。

旋凿伸至旮旯处，插进螺栓顶沟内，

残胶便粘贴顶部，螺栓拧出螺孔后，

依靠残胶粘附力，螺栓随旋凿取出。
安装旮旯处螺栓，其操作过程相反。
粘贴残胶旋凿刃，顶插进螺栓顶沟，
依靠残胶粘附力，将螺栓送入螺孔。
拧紧螺栓后凿刃，稍离开顶沟一点，
旋凿作圆周晃动，同时将其提起出。(3-32)